神祺

人类命运转折时

——思维实验室 著——

天津出版传媒集团

天津科学技术出版社

图书在版编目（CIP）数据

人类命运转折时 / 思维实验室著 . — 天津 : 天津
科学技术出版社, 2024.8
ISBN 978-7-5742-2034-8

Ⅰ . ①人… Ⅱ . ①思… Ⅲ . ①人类进化－普及读物
Ⅳ . ① Q981.1-49

中国国家版本馆 CIP 数据核字（2024）第 083825 号

人类命运转折时
RENLEI MINGYUN ZHUANZHE SHI
责任编辑：房　芳
文字编辑：布亚楠
责任印制：赵宇伦

出　　　版：天津出版传媒集团
　　　　　　天津科学技术出版社
地　　　址：天津市西康路35 号
邮　　　编：300051
电　　　话：（022）23332397
网　　　址：www.tjkjcbs.com.cn
发　　　行：新华书店经销
印　　　刷：雅迪云印（天津）科技有限公司

开本880×1230　1/32　印张8.25　字数178 000
2024年8月第1版第1次印刷
定价：59.00元

CATALOGUE
目录

CHAPTER

2

人类命运拐点：
基因和病菌的发现

CHAPTER

3

人类历史
崩溃时刻

我们身体的每一寸构造、每一个关节、每一撮毛发和每一次思考，我们生气、高兴、惊恐、沮丧、同情等感受，都是人类上万年与大自然博弈的表现。

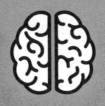

THE RISE OF HOMO SAPIENS

智人崛起的关键力量

猿是怎样一步步被迫进化成人的?

一直想讲讲人类的进化，因为我觉得生命科学很有意思。

回想一下，我们平时对"人类"本身的思考真的很少，毕竟我们能上天入地、探索世界、获得知识、寻求力量，从而满足我们的各种需求。欲望驱使我们不断开拓新天地，但我们却很少思考这些需求和欲望是如何来的。比如，我们为什么对油脂、糖类如此痴迷，明知不健康却还是大快朵颐？为什么其他动物都有特定的发情期，而人类却随时性欲满满？为什么大部分动物失去生育能力后就会死掉，而人类的寿命如此长？你为什么向往诗和远方，喜欢旅行奔跑的感觉，却讨厌整天待在家的自己……

人类特有的能力数不胜数，但其实都是人类作为一种生物数百万年来进化的结果。我们身体的每一寸构造、每一个关节、每一撮毛发和每一次思考，我们生气、高兴、惊恐、沮丧、同情等感受，都是人类上万年与大自然博弈的表现。每个表现都蕴含着复杂的进化逻辑。在本文中，我会探讨一些人类进化过程中的关键点，以人类为样本，为读者建立起对进化或者演化原理的基本认知。

||| 人类祖先为什么离开大树，并开始"直立行走"？

因为我要讲的是人类的进化，所以我就从人属动物出现开始讲起。

各种化石证据证明，最早的人类可能出现在非洲，而人类区别于绝大多数动物最显而易见的特征就是直立行走。直立行走对于人类来说有着超乎寻常的意义，这是进化过程中的重要阶段，迈出了完全不同于大多数生物的进化脚步，奠定了现代人的基本形态。这篇文章的重点是讲直立行走的缘由以及影响。

1974年，在埃塞俄比亚的一个考古场，科学家发现了后来被命名为"露西"的古猿人化石。这是来自320万年前的一个猿人，完整且明显的足弓说明她已经可以长时间直立行走了。足弓是为直立行走增加弹性，给身体减震的，否则百米短跑就能造成脑震荡。足弓演化而成后，脚掌不再适合抓握，古猿人也就不再适合树上的生活，所以足弓是直立行走最明显的标志。

宽大的骨盆用于支撑上半身，连接躯干与下肢。另外，明显大于其他生物的膝盖骨也能为直立行走减震，吸收冲击力。这些骨骼构造都说明了"露西"可以长时间直立行走甚至奔跑。相似的古猿人化石，也在后来几十年里在非洲被陆续发现。通过基因测定，科学家断定人类的祖先直立行走发生在至少440万年前。因为演化不是瞬间发生的，是数十万年在特定环境下优胜劣汰的结果。

那个时候发生了什么？是什么原因迫使我们的祖先离开树冠，来到地面开始直立行走的呢？

之前我们听到的说法是因为制造和使用工具的需要。这个理论当然是崇尚文明、自诩高级生物的人所提倡的。"人"的定义也将制造、使用工具放在首位，可现实的研究结果却是，人类直行走甚至奔跑的时间，比最原始工具的出现早了至少100万年。

要研究人类祖先直立行走的原因，我们就要去了解那时的自然环境。既然绝大多数的古猿人化石表明人类可能起源于非洲，尤其集中在埃塞俄比亚、肯尼亚、坦桑尼亚境内，那么我们有必要看看非洲的自然环境。

在非洲，有一个很明显的地貌特征——东非大裂谷。

东非大裂谷是因为非洲板块和印度洋板块的漂移，在大约3 000万年前开始形成的。分裂前的非洲大陆是一个整体，森林密布、水草丰茂，各种动物包括灵长类的猴子、猿类均在林间采集充足的果子、树叶、草籽，偶尔也吃昆虫和小动物。因为绝大多数大型肉食动物不能爬树，所以树上的生活对于猿类来说很安全。也许因为在树冠间的生活需要伸手去够树梢上的果子，所以部分猿类就进化出了站起来行走的能力。最初大部分灵长类动物还没有必要长时间行走或者奔跑，行动时依然是手脚并用地抓握游荡。但当东非大裂谷形成以后，非洲的森林就被切成了两半。到后来新近纪末，全球气候转冷，冰川活动加剧，热带植物物种被落叶森林和草地取代。东非大裂谷附近的地质运动导致高山和峡谷同时出现。因为裂谷西边湿润的空气被山峦挡住，所以东边就变得越来越干旱，以前茂密的森林逐渐变成草原，而本来适应树上生活的古猿人被裂谷的山峦与沟壑挡住，和其他众多动物一起留在了裂谷东侧。

也就是说，原本生活在树上的古猿人没有树爬了，被迫来到地面适应危险的生存环境，这时进化就开始了。因为要及时发现和避免草丛中肉食动物的进攻，所以古猿人不得不努力站起来，让视线超过草丛，也便于奔跑时能辨认方向。由于草原上食物匮乏，古猿人也不得不走更远的路来寻找食物。

有一部分动物来到地面没能适应草原环境，所以很快就被自然环境淘汰而灭绝。不过基因突变是无方向的，加上自然环境的筛选，一批能适应直立行动的古猿人活了下来。

III 漫长、精彩又残酷的进化

其实，直立行走还有一个更大的优势。研究人员做过专门的实验，让体重相同的人与黑猩猩在跑步机上奔跑同样的距离，同时给二者戴上面罩测量耗氧量，测试的结果非常惊人：相同的距离下，人类直立行走所消耗的能量是黑猩猩四肢行走所消耗能量的1/4。也就是说，吃同样多的食物，直立行走的人类可以走更远的路，所以古猿人在大草原上也就容易找到更多食物。要知道，在严酷的自然环境下，哪怕节省一点点的能量，都意味着生存的希望，这也是人类对蕴含高热量食物无法抗拒的原因之一。在贫瘠的非洲草原上，如果能遇到带糖的东西或者含有大量脂肪的肉类、坚果，那还等什么呢？赶快摄入！这些就是可以让自己活得更久的能量来源。所以，人类的味觉系统接触到糖类之后，大脑分泌的多巴胺会让人产生美好的感觉。油脂也是同样的道理，消化系统也跟着进化，让来到地面的古猿人能够消化更多的肉类和脂肪，毕竟之前在树上大部分时间是在啃树叶。这也就使得人类成为杂食动物——尽可能吃掉一切有价值、有营养、富含热量的东西，否则就会因缺乏能量而死去。与此同时，直立行走又节省了能量，让这些人类的祖先可以去繁衍，或者与其他成员互动，练就社交能力。

复杂的事物都是由简单的原因演变而来的，从猿到人的进化不只是为了节省能量，还有捕猎、逃命、辨别方向等需要。

这里还要说明一点，"进化"象征着生物向着更高级、更复杂、更精彩的形式变化，似乎是一个很美好的词汇，但从祖先由爬行到直立的过程来看，这其实是一个非常"残酷"的过程。

进化的原动力：基因突变。其结果在绝大多数情况下，都是有害于生命体的。因为基因突变本来就受到非正常的自然环境影响，造成DNA（脱氧核糖核酸）复制错误，进一步导致遗传信息被破坏。现在破坏遗传信息最高效的方法就是核辐射，一些生物很快会因基因突变产生先天缺陷而死去，只有千万分之一的变异个体由于适应了环境而获得了生存竞争优势。于是变异的个体开始挤占其他同类的生存资源，让没有这种优势的同类死亡概率增大或者极不情愿地失去繁衍机会。所以，进化的过程充斥着竞争和死亡。

经常有人说，人类在进入文明时代之后几乎没有明显进化，所以人类不是进化的产物，然后顺势搬出了"造物主"一说。我想说的是，如果人类在这短短几千年有史记载的时间里出现明显的进化，那就相当于所有人类都要生活在充满致癌核辐射的环境里，千万分之一才进化为有益变异人群。这些变异后的群体还要对整个人类进行持续的生存资源掠夺，直到消灭所有旧的个体。然后，这千万分之一的人还得快速繁殖，才能让整个人类翻新一遍。

请想一想，获得生存优势的将会是普通老百姓中的一分子，还是极少数的精英阶层？

进化是一个相当漫长的过程，这个过程的残酷性被几十万年甚至上百万年的时间稀释后，才显得不那么让人绝望和沮丧。

虽然人类祖先的直立行走是生活环境恶化，经过残酷的优胜劣汰之后的结果，但它给未来更不可思议的进化打开了大门。

III 人类是唯一能跑马拉松的动物

进化到直立行走以后，人类祖先就有了长途行走和奔跑的潜力。可是，人体还有一系列配套机制有待完善。由于全身的重量全部由脚承担，脚也就成了专业化极强的工具。足弓由此进化而成，为奔跑装上减震系统。为了更稳健地行动，下肢变得更加粗壮，膝盖开始变大，骨盆也开始增大以支撑上半身的重量。这些身体结构的改变就需要更多的能量和营养支持，尤其是钙质。此外，长时间直立行走和站立对平衡感的需求更大，这又在一定程度上刺激了大脑的进化，因为大脑要根据视觉信息协调上百条肌腱、肌肉。关于这一点，大家可以根据睁眼和闭眼单脚站立的难度来体会。

不过我们与其他灵长类最显而易见的区别在于，人类的大部分皮肤是裸露的。这是为什么呢？本来这一身皮毛，不仅能保温、锁住能量、防止晒伤、抵御蚊虫侵扰，在灌木中前行能防止被划伤感染，还能在环境中起到伪装作用。

那么，人类到底为什么在进化过程中放弃了这一身的保护装备呢？

其实这个问题有很多争论，包括幼态持续[①]、卫生需要，甚至有"水猿"的假说，但这些论调大多理由牵强，也无法说明其他动物为什么不这样做。其实最根本的原因还要从直立行走来看。虽然直立行走消耗能量少，但是长途跋涉会带来一个非常致命的问题，那就是会产生大量热量，所以人体的配套机制也开始逐渐跟上。自然界中有很多短跑速度很快的动物，比如猎豹。猎豹在

---

① 幼态持续：是指生物逐渐延续幼年的外表状态。人类个体比相同年龄其他灵长类看起来更显"年幼"，可能的原因是人类种群当中"性选择"导致的演化现象，社会性让人类可以不用过于成熟就能成活，而年轻个体生育能力更强，是性选择导致幼态持续的自然演化。

捕猎前会花大量时间匍匐接近猎物，缩短奔跑距离，这样就能在有限的攻击范围内捕获猎物。它们如果长时间奔跑，就会因热量的积累很快烧坏神经系统而昏厥，甚至是死亡。而我们人类呢？人类是唯一能进行马拉松比赛这样超长距离持续奔跑的动物。人的奔跑速度相较于同等体型的大多数动物来说都不算快，短跑速度也很差。可是，没有哪种动物能连续奔跑几小时，一次性完成40多千米的马拉松。对于人类来说，完成长途跋涉，脱去毛发的同时进化出了局泌汗腺，让人类成了所有动物中出汗能力最强的生物，同时也就成了散热能力最强的生物。

长跑能力给人类带来了什么呢？

可以想象，在非洲大草原上，古猿人刚从树上下来，能力弱小，没有捕猎经验，又跑得慢，由于大脑的进化还不明显，并不比其他动物聪明，所以他们也不会运用什么捕猎技巧。那么他们看到猎物会是什么反应呢？

他们很可能就是傻乎乎又慢腾腾地向猎物跑过去。草食动物看到这样一个不偷袭、不隐蔽、不会设陷阱的家伙跑过来时，会直接跳开逃走。可是猎物跑开以后，他们不会放弃，继续向猎物跑去，因为这时的人类没有什么其他捕猎技巧，只会死追猎物，这就进化出了机体适应长跑的能力。

比如，现在生活在美洲或者大洋洲丛林的土著人，他们会盯上一只鹿追赶一天一夜，中途不换人、不喝水、不休息，而猎物在持续的奔跑中还处于惊恐状态，加速了能量的消耗，在途中也不敢进食喝水，最终会因身体过热而倒地不起，成为人类的食物来源。

其实，人类的身体进化成熟大约是在20万年前智人出现的时候，而人类开始种地进入农业时代只是1万年前的事情，在办公室长期保持坐姿办公的时间更是不到100年。也就是说，人体其实更适应那种奔跑狩猎的生活。比如：我们留下了头发，是为了抵御直射的阳光；眉毛也是为了防止奔跑时头顶的汗液迷住双眼，因为眉毛的形状会锁住很大比例的汗液并让其向脸颊两侧流；翘起的臀部肌肉是为了更有力地拉动大腿奔跑；强健的胸肌是为了投掷石头、长矛捕猎……这也解释了为什么一直久坐在办公室的现代人会出现各种身体问题，在家待几天后就会感到颓废。

当直立行走开启了一个独特的进化方向之后，长跑带来的捕猎能力又逐渐给予人类所需的营养，双手的解放又激发了使用工具的需求，沿袭自树冠的群居生活又增加了社交的需要，多种因素聚集起来就会引发革命性的变化——人类大脑神经系统的飞速发展。

脑子是个好东西，为何不是越大越好？

在进入文明阶段爆炸式繁衍之前，人类的数量其实很少，而演化需要足够的环境压力，少量人类捕猎对整个草食动物还没有那么大的影响力。要明确的是，演化从来都不是单一因素导致的，而是综合因素的筛选。如此一来，作为少数派的人类祖先就可以充分利用这一优势，获得充足的营养，营养多了就能发展出生物的奢侈品——大脑。

||| 大脑的第一阶段进化

直到今天，科学家也没有完全研究出大脑的运作机制。有些人猜测大脑内的思考很可能是量子级别的反应，主要是考虑到有意识的观测对量子力学实验结果的影响。不过这没有定论，只是猜测。想要验证这个猜测依然有很长的路要走，但我们根据地质变化和化石样本，还是可以较为清楚地了解人类大脑的进化的。

大脑的进化同样是生存压力带来的，并不是主动为之。上篇文章提到的"露西"虽然开始了直立行走，但是其脑容量只有400毫升，她的行为举止估计和一只黑猩猩差不多。在林间的黑猩猩同样会制造工具，运用团队协作猎杀猴子，也会在族群中拉帮结派。但是，当黑猩猩的脑容量不再上升时，草原上直立行走的人类"奥德赛"的大脑发展却开始了冲刺——在"露西"出现之后的140万年里，人类的脑容量飞速增大到750毫升。这时候，大脑开始明显现出优势，感知能力、社交能力、情感表达甚至情绪逐渐形成，相关的社会性需求和竞争也开始出现，高级智能的雏形得以奠定。于是，人类的脑容量继续飞速扩大，直到智人出现的20万年前，脑容量飙升到1400毫升左右才停止，甚至之后逐渐在减少。显然这已经是极限，该有的功能都有了，再大就超出了环境能养活的程度。

那么，这个过程是如何演变的呢？

首先明确一点，脑袋并不是越大越好，它只是身体应对环境的工具而已，超出标准的工具就是累赘。而且大脑是个奢侈品，对能量的消耗极大，大脑约占现代人体重量的3%，而能量消耗却占到全身的25%左右。人类的大脑在400万年里增大到原来的3倍多，但大脑的供血量却增加了6倍，这是生物学家根据观察不同时期化石通入颅骨的血管孔径和数量得出的结论。

对一个生物来讲，特定环境中能获得的生存资源一般都是饱和的。人体为了给大脑让路，非常重要的消化系统，比如肠道等，都在退化。

人类从树上来到地面之后，食物的匮乏和危险的环境使生存变得艰苦，所以就需要更努力地适应。由于从森林到草原的环境变化较为剧烈，因此进化的速度没有跟上。先天存在缺陷的人类祖先并不适合猫在草丛中的生活，因为大多数肉食性哺乳动物是通过嗅觉和听觉配合视觉定位猎物和捕食者的，而人类祖先没有这个功能。他们用于攀登树枝的前肢和灵活的手也不适合支撑身体，所以必须努力站起来看得更远，才能更早发现猎物和捕食者。

想一想，之前在树上眼睛要处理的就是自己周围几十米范围内的事物图像，比较少；而现在，人类祖先要不停地用眼睛扫描周围几千米的情况。如此一来，大脑要接受并处理的信息瞬间增大，眼睛的进化压力也瞬间增大，其中最重要的就是对色彩的辨认。其实，自然界中大多数动物看到的都是黑、白、灰三色的世界，包括猿类在内，因为它们不那么依赖视力去收集信息，只有长颈鹿能够辨别黄色和绿色。而鸟类，除了夜间活动的猫头鹰，绝大部分看到的是彩色世界。所以我们从这里就可以知道，动物对视力的依赖程度越大，能辨别的颜色就越多。而光的本质是电磁波，区别在于波长频率和亮度，人类可以将380～780纳米的电磁波（也就是可见光）识别成6 000多种颜色。

这就是眼睛的进化，是在400万年前艰难的生活中演化出的能力。

因为眼睛进化后所接收的信息量瞬间增大，所以就需要一个强大的处理器去处理这些信息，否则五彩斑斓的世界只会让人头晕目眩。这和数码相机原理类似，如果没有强大的芯片快速处理信息，跑动过程中拍摄的图像就基本没法看。处理器处理信息后还要把信息存储起来，下次遇到同样的事物就可以直接从内存中查找对比，这样就可以快速识别，形成生存经验。所以内存也需要扩大，加上直立行走对平衡感的把握，大脑必须加快进化适应这些需要。注意：这里并不是大脑在主动进化，而是环境变化过大导致演化速度加快。其真实表现就是没有这方面突变的个体死得更快，本质上是一个猿人数量锐减的过程，让能适应这种环境压力的个体获得更大的生存空间和更多的生存资源，这就是一个被动的过程。

大脑是个奢侈品，这个进化就是被严酷的环境逼出来的，其他动物由于嗅觉、听觉和体毛感知的各种先天优势，也就没有进化出一个如此耗能器官的必要。已经突变的、相对聪明一点的个体也没有获得明显的好处，反而加剧了能量消耗，毕竟顶着一个大脑袋逃跑起来也是个累赘，这就是有害变异。但进化没有目的性，后来的人类可以说是因祸得福吧——因为这个高耗能的器官很快因为人类独有的长途追杀的能力得到丰厚的给养，而充足的给养又给大脑的进一步发展带来可能。

大脑中储存的各种经验可被总结为"捕猎技巧"。比如有一天，一个古人类看到了一只羚羊在奔跑过程中，被一个尖锐的树枝戳死，那么他很可能就知道，以后可以寻找这种尖锐的树枝作为捕猎工具，而其他生物就不会产生这种意识。古人类集群的生活产生了分工，也让捕猎的效率提高。其实捕猎本身需要一定的智慧，就如同狮子、老虎通过幼年时期的玩耍打斗学习一些捕猎技巧；而草食动物普遍脑袋小，遍地的食物也不需要下多少功夫、动多少脑筋都能吃到，所以大多是先天行为。这也就保证了肉食动物能狩猎到草食动物。而草食动物每天都要花大量的时间进食，植物纤维含有的营养确实太低，所以需要好多个胃和超长的肠道去消化食物。人类在不断优化捕猎技能之后，可以猎到更多食物，吃到新鲜的肉。

在高效补充营养的同时，人类也留出了更多时间观察学习或者与族群成员社交，还会花一部分时间制作工具。这时候，另一个人体构造进化开始出现，那就是手。直立行走腾出了双手，这样一来，手除了作为万能的工具，还负责感觉与抚摩，可以对物体轻重、粗细、冷热做出评估，所有感知到的内容都会产生巨大的信息量，需要大脑迅速加以理解并做出反应。这一点已经被古猿人的化石证明，人类学会使用石器之后，脑容量也在之后的几十万年里增加了一倍多。正是一系列的刺激导致脑容量飙升。

综上，关于大脑进化，直立行走是根源，信息量的增加是压力，营养的改善是物质基础，这就是人脑的第一阶段进化。这是各种复杂事件的综合影响，是完全的自然过程，而不是单一事件的影响，更不是什么神秘力量的引导。

||| 只要保持用脑，"什么时候努力都不晚"

当脑容量超过750毫升之后，增强其功能成为人类进化的主要方向，因为更加敏锐的感知、认知能力可以获得更大的优势，所以很多人体构造的变化开始服务大脑。比如，头部逐渐变圆、面部颌骨缩小，减少颈椎负担；颈部也变长了且更加灵活，方便面部转向收集信息。在社交方面，由于大脑的视觉处理能力增强，因此人类的面部肌肉也开始增加，能做出各种表情去表达自己的感受。

人类甚至进化出了眼白。其实眼白并不适合隐蔽，但可以表现自己凝视的方向，结合眉毛跃动可以表达出专注和不屑种种意思，而其他灵长类大多是黯淡的眼神和呆若木鸡的表情。而这一切的不同，起因就在于人类祖先当时身处东非大裂谷的东侧，大脑的分辨能力因视觉而起，但很快也作用于听力——这里并不是指我们能听到很小的声音，或者能听到次声波或者超声波，这些能力都是刚才说的很多动物的先天优势。听力的增强是指人类对本身就能听到的声音的辨识能力增强，也就是能将声波的振动频率更加细分，就跟听觉系统细分电磁波一样。这带来的好处就是，我们能听懂自己发出的各种声音，甚至是复杂的语言。同时还可以感知情绪，比如高兴、喜悦等。但情绪都是大脑对有利于生存的事情的正反馈，比如生气是大脑对特定事物产生的激烈反应，伴随怒吼和厮打；恐惧多半是遇到了对自己不利的情形，需要赶快采取躲避措施等。这些都是大脑在内存中储存的处理事情的经验，形成情绪及意志，从而对环境做出快速反应。

这里补充说一下关于审美的问题。很多人说，人类脱去大部分毛发是因为审美的需要，这完全是因果倒置。审美依然是由基因决定的，你现在喜欢的身材，也是因为和这样身材的异性交配有利于繁衍下一代。如果你不喜欢这样身材的异性，那么你繁衍后代的概率就会降低，决定你独特审美的基因就会被淘汰。毛发也一样，浑身毛发的人类不适应在非洲奔跑，因为容易过热致死。如果浑身的毛发有利于生存，那么人类的审美也会跟着改变。

生物学家发现，人类是有社会属性的动物，大脑的进化速度要比独处动物的进化速度快，因为复杂的社交活动大幅增加了信息量，人类对智力的依赖性也更强。人与人之间不像蚂蚁、蜜蜂那样机械地合作，而是充满了尔虞我诈的利己行为。这其实是社会发展的动力，人类也就可以不断改变合作方式提高生产效率，而这些都需要更加强大的大脑。

其实，大脑突变是如何发生的，还可以从 DNA 层面具体解释。在人类进化的几百万年中，大脑的突变有很多，有一个决定性的突变其实和癌变相关：人类在进化过程中丢失了一个调控基因，这个基因是调控它旁边的一个抑癌基因。所谓抑癌基因，就是抑制癌症发生的基因，可以有效控制细胞的分裂与生长。而这个抑癌基因作用的就是神经细胞，调控基因的丧失导致抑癌基因的活性改变，对癌变的控制能力变差，也就导致了神经元增殖提速，相当于节流阀被开大。

这也解释了，当现代人步入成年之后，大部分器官和身体组织停止了发育，而神经元则不同，只要不停用脑，新的神经元就会不断地生成，神经元连接也会因新的外界刺激不断建立，引发不同的大脑生长方式。事实证明，大脑存在高度可塑性，不论处于什么年龄，反复练习就可以提高某方面的能力，这也是人类巨大潜力的来源。所以，所谓的"什么时候努力都不晚"，其实是有生物学基础的。

这从生物学上来讲，可能就是一个"有节制"的大脑癌变，毕竟飞速生长的脑细胞以及无止境的神经元增殖，直接带来的是更多能量的消耗，这对于很多动物来说就是致死性的突变。

决定人脑发展的突变不止这一个。人类大脑在约4万年前发生了一次与脑磷脂相关的突变，而那一时间正好是人类艺术与音乐出现的时期，同时人类也开始大量制造工具，随后进入新石器时代。6 000多年前的一次突变，则暗合了人类书面语言及农业与城市的发展。基因的变化只是结果，原因还是自然环境的压力让人脑选择了这些突变。

现在看来，很多动物都面临着营养与智力的平衡问题，只有人类，因为先天的劣势和严酷的环境，另辟蹊径去承担这风险极高的能量损失，但最后的结果就是，从大脑的进化中获得的好处远大于损失。

||| 爱因斯坦的大脑和普通人的有什么区别？

大脑并非越大越好。

根据化石研究，一个不争的事实就是，人类进入文明社会之后，大脑变小了1/6，也就是说我们变笨了。但是，这个说法并不绝对。可以想象一下，2万年前的人类需要时刻辨别方向，需要认识猎物与猛兽的脚印，需要辨认上百种植物并记住它们的功能，时不时地要爬树、攀岩，还需要自己制作各种长矛、箭矢等工具。那个时候买不来原材料，都是人类从自然界中寻找的，然后运用智慧加工成长矛和箭矢。再试想下，给现代人一些石头、树枝，在没有任何工具的前提下，他们单凭双手能做出来什么？而当前人类阅读理解以及对文字、图形、符号的辨识能力，确实是那时候人类所不能及的。所以说，大脑是一个工具，并不是在持续增大，大脑的不同分区根据环境的不同也会此消彼长，这一点爱因斯坦的大脑已经给了我们证据。

不可否认，爱因斯坦能提出相对论、光量子假说，他绝对比大多数人聪明，于是本着科学精神，爱因斯坦承诺在死后希望脑科学家拿他的大脑进行研究。1955年，爱因斯坦去世，他的大脑被切成240片样本供人研究，研究结果却是，这是一个很普通的大脑。从大小上来讲，这颗大脑甚至略低于人类的平均大小，科学家们绞尽脑汁研究这颗大脑的特别之处，可是所有特点都和智力没有关系，反而发现爱因斯坦还有些孤独症。确实，他幼年比大多数孩子说话晚，生活环境很封闭，生活中经常丢三落四。但这和他后来的成就基本没有关系，最终的结论就是，爱因斯坦的成就取决于后天接触的事物。他在专利局工作，不停地接触钟表和计时器，因为当时铁路系统的出现，让分隔很远的两地有了统一时刻的需求，所以相关的发明也就有了市场。爱因斯坦还经常思考时间与空间，相关的脑突触大量形成，再加上他对科学的好奇心和孤独症带来的更多独自思考的时间，从而提出了相对论。而在其他方面，爱因斯坦的大脑能力可能还不如常人的。这也佐证了刚才提到的大脑的后天可塑性。从生物学上来讲，世界上并没有所谓的天才，那只是社会对某种特殊才能的称谓，说到底仍然是生物多样性的表现。

　　总而言之，我们进化出了这样的身体，因此我们需要配套的大脑，也就有了智力去指挥身体。也正因如此，人类走上了进化的加速通道，用极其特殊的方式带来了更为深刻的改变。

人类为什么没有发情期?

　　不是所有严酷的环境，都能造就强大的生命体，而是在合适的强度下作用于合适的物种，才会出现这样的结果。地球历史上各种大灭绝，都是生物的灾难，不具备创造智慧生命的条件。

　　然而，东非环境的变迁对于人类的演化来讲是一种幸运，却也是当时各种不幸堆砌起来的幸运。不过，事物都有两面性，直立行走以及大脑的增大，在当时都只是权宜之计，与原来的身体构造存在兼容性问题。看似划时代的演进，其实存在着致命的隐患——生育困境。

III 人类胎儿的本质都是早产儿

人类粗壮的大腿压缩了女性的产道，而放弃粗壮的大腿，又会失去平衡与稳定。与此同时，硕大的脑袋更是生育的灾难。且不说史前时代，即使是20世纪初期，新生儿的死亡率也高达近200‰[①]，产妇的死亡率大概在1.5%。

生物在生命延续方式上出现致命问题，那就是一个巨大的演化压力。可是人类依然承担了这个致命的危险，要继续直立行走，还要运用这个高耗能的大脑，可见当时人类面对的环境压力是何等严酷。可以推测，如果人类没有生育困境，人类在世界上将会成为逍遥自在的游侠，三五成群，合作捕猎，生活可能充满激情与挑战，这个状态也许会一直持续到今天。

站在当今，回过头来看这个问题就会发现，生育困境迫使人类社会做出更大的改变，或者说奠定了人类社会的形成。人类开始大规模结成相互合作的关系网，并一起走向文明。

插个题外话，我们每天工作8小时，一周连续5天的生活，与古人类偶尔花费两三小时捕猎采集，之后三四天和部落成员嬉戏讲故事的生活，哪一个更好，其实有待思考。

但是，看似与人类文明不太相关的难产，为什么会有如此巨大的作用？（注意，以下都是推测。）

当生育困境出现之后，直立行走与增值的大脑又不能弃之不

[①] 数据来自复旦大学侯杨方论文《民国时期中国人口的死亡率》。

用，那么用演化的方式对应的策略有3个：

第一，产道演化出更强劲的收缩能力，把胎儿强行挤出来；

第二，把胎儿的头骨变软；

第三，不让胎儿的脑袋长得太大，生出来以后再长。

实际上这3个策略人类都在采用。

先说第一个策略，在产道猛烈收缩的情况下让胎儿在产道内不断做出高难度的转体动作，冲撞在所难免。这也是产妇生育过程中极端痛苦的来源，胎儿挤压过度就会造成产道撕裂，也就是产后大出血，危及产妇生命。

第二个策略，胎儿的头骨其实是有可塑性的。刚出生的胎儿脑袋看起来又尖又长，正是被产道挤压的结果。这是因为胎儿颅骨的骨缝还没有完全闭合，这样就可以做出一定程度的形变。出生后，骨缝才会逐渐闭合连接，让颅骨成为一个整体。

重点说第三个策略，也就是在胎儿的脑袋还没有完全长大时就把他生出来，之后的成长在脱离母体后完成。在出生后，婴儿立刻就会用脑，比如神经系统要调节消化系统和呼吸系统，还要对环境做出敏感的反应。简单来说，就是婴儿有一点点不舒服了，都会大声啼哭。所以，胎儿在子宫内的发育时间被环境调整为约280天，对比其他哺乳类动物出生时身体发育的情况，这个时间应该是胎儿本该发育成熟时间的一半。

从这方面来讲，我们其实都是早产儿。剩下的发育任务被放到出生之后，在外部环境中的发育过程也放缓了很多。与绝大多数动物出生后几小时就开始满地撒欢，甚至可以直接吃草或者吃肉相比，人类的孩子要站起来，还得等一年多；婴儿未发育好的消化系统，也让自主吃饭的时间大幅推迟。人类胎儿刚刚发育到大概能吃奶的程度就匆匆出生了，不然就出不来了。

这就导致一个问题，提前出生的婴儿体格特别柔弱，生活能力极差，必须由父母精心照顾才能生存，包括很多免疫能力，都要从母乳中获得。所以对于女性来说，分娩的极端痛苦，只是来自生育折磨的一个开始，因为养育儿女的重担很快就压了过来。

其实胎儿在子宫中的发育，很大概率都集中在心肺功能上，这也是为了保证婴儿在出生之后能够如防空警报般哭喊。这种噪声的分贝，足以让全家无心再去做任何事情。"会哭的孩子有奶吃"，这也是婴儿为了适应早产的进化结果。同时为了让母亲更尽心尽力地照顾孩子，母性也在进化中逐渐加强。母亲和孩子的感情加深，母亲才会在主观意识上无理由地照顾孩子。

虽然母爱现象在自然界中很常见，但是当幼崽在两三岁能独立生存之后，这种母性的纽带就会被切断，而人类这种感情却会持续一生。

这里需要提供一个看待演化现象的思维方式，就是用个体的基因回报率来推测某种具体演化现象的原因。在这里，演化的主体单位不是种群，而是个体。基因回报率就是指一个生物个体的基因继续复制的次数，增加后代成活到性成熟的概率和繁衍出大量的后代都能带来基因回报率的增长。前者保质量，后者保数量。所以能带动基因回报率增长的突变，就自然选择保留。

比如求生欲，最初的生命不一定有求生欲，但是没有求生欲的个体更容易死掉。这样一来，其基因能复制的概率就会比较小，基因回报率低，所以能留下来的都是求生欲强的个体。

这里还可以解释得更直接一些，在30多亿年前，生命诞生之前的地球原始汤①中，漫长化学反应形成的核苷酸长链分子，有些能复制自己，有些不能，而最终充斥在环境中的都是能自我复制的DNA或者RNA（核糖核酸）分子。这就是经常有人问的，DNA为什么要复制自己？因为只有通过氢键的碱基互补配对原理复制自己的核苷酸才能存在至今。

求生欲和自我复制能力，都能够提升基因回报率，这也就成了这种性状存在的原因。这个概念对后面我要讲的人类演化的故事很重要。

ⅠⅠⅠ 人性本"渣"，一切都是为了提高基因回报率

在原始时代，对于母亲来说，自己生出来的孩子，可以确定孩子体内携带的是自己的基因。那么，她会毫无顾虑地将这个孩子细心抚养到性成熟。同时由于生育后身体需要一段时间的恢复，不能采取繁殖大量后代来提高基因回报率的策略，所以母亲对孩子无条件的养育，也就是母爱的存在原因。

但是对于男性而言，这一点就不同了。在原始时代，即使是和某个女人有过交配行为，也不能保证从女人体内生出来的孩子

---

① 原始汤假说认为，地球上的生命起源于一锅无机物混合的原始汤：在原始地球环境下，简单的无机物通过化学反应转变为有机物，有机物发展为生物大分子，直到出现一个最简单、最原始的细胞，最终演化出地球上缤纷多彩的各类生命形态。

是自己的。而且，交配对男性来讲是很容易的，相当于一种低强度的运动。

所以从基因回报率的角度来讲，男性提高自己基因频率的做法，就是不断想方设法和不同的女性交配，以量取胜，最终获得更高的基因复制机会。

这个行为在生物界其实是普遍现象，大多数哺乳动物出生后就只有母亲在抚养，而那个所谓的父亲早已不见了踪影。雄狮在垄断了交配权，排除母狮与其他雄狮交配的可能性之后，才会保护小狮子。当一头外来雄狮打败了一个狮群原有的统治者之后，它首先要做的就是杀死上一任统治者的所有后代，等到发情期快速和狮群的所有雌狮交配。当确定雌狮开始为自己产仔之后，也就是提高基因回报率，雄狮才会履行保护狮群的职责。但雄狮也只是保护，不参与养育过程，甚至雄狮自己都需要雌狮来养。雄狮成为狮群的统治者之后自己从不捕猎，这些都是根据基因回报率确定的进化逻辑。可以说，所有雄性本质上对配偶都不负有责任，这是写进基因里由基因回报率决定的。但是在自然界中，对于大多数雌性动物来说，雄性是不是"渣"其实无所谓，反正自己就能养活后代。

可对于人类来说，这一点就完全不一样了。由于生育过程中地狱级别的痛苦，以及生产带来的抚养孩子的难度，所有负担压在女性身上的话，女性实在无力承担。女性在把所有的精力都投入照顾孩子这件事上之后，基本也就没有时间和力气再去获取食物了。毕竟要么捕猎，要么跑很远摘果子，身上还背着几个嗷嗷待哺的孩子，可能肚子里还怀着一个，这个女人基本上就要崩溃了。但是，即使在这种情况下，对于男性来讲，被戴绿帽子的风险从演化角度来讲实在无法承受，更多地交配依然符合基因回报率的需要。

基因回报率这个概念是针对个体的，而不是针对种群的，所以研究演化不应该从群体角度考虑，而应该从个体角度考虑。

III 为留住男性，女性演化出了独有的生理特征

如果女人想把男人留在身边，为自己获取食物，并帮助自己照顾孩子，就需要增大女人自己的基因回报率。这是一个仅针对女性的进化压力，所以为了留住男人，女人的生理结构也开始改变。

大家小时候应该都看过《动物世界》吧？"春天来了，动物进入发情期，草原上也开始变得躁动起来……"但是在人类社会中，好像从未听过"发情期"这个词。因为人类没有发情期，或者说人类一直处在发情期。其他生物过了发情期基本目无异性，兴趣都在获取食物方面。从其他动物视角来看，人类简直不忍直视，有机会就会想方设法去交配，任何时间、任何场合都有性欲望。

所有雌性动物的排卵期都很有限，在非排卵期交配就是在做无用功，没有任何基因回报率。与此同时，持续的性欲会导致注意力不集中，警惕性降低，很容易被捕食者偷袭。就算是食物链顶端的猎食者，高频次做这样的无用功，无疑也是得不偿失的。

可是由于交配带来的快感，在意识上的正反馈，无论雌性还是雄性，都会享受在发情期交配的过程。由于雄性要在雌性进入发情期之前争夺交配权，且所有雌性的发情期并不完全同步，所以雄性的发情期普遍比雌性要长一些。

人类祖先中的女性，如果想要男性更长时间地为自己服务，就需要尽量延长发情期，与男性发情时间一致，让男性可以在自己身边更多地享受这个过程，无疑成了留住男性的手段。对于男性而言，由于上述原因，发情期比女性更长一些。相应地，男女之间你追我赶相互促进，人类就变成了哺乳动物中唯一持续发情的物种。

这就是人类直立行走与脑袋增大带来的后果，持续交配造成的能源浪费与随之而来的危险，还是没有战胜生育困境带来的压力。同时，强大的大脑具有分析能力，也能主动节制自己的性行为，留出时间与精力去捕猎和采集。但是大脑带来的性欲望，还是让女人用持续发情在一定程度上拴住了男人。一直待在一个女人身边，也增强了男人对自己孩子的辨识度。

当男性在很大程度上能够确定孩子是自己的之后，父爱的基因也就有了出现的理由。为后代争取食物和生存空间，成了男人尽力去做的事。毕竟在乱交的时代，男性也得不到什么基因回报，所以"好男人"的基因一直没有繁衍壮大的机会。

如果男性身边有很多异性，也都在持续发情，那么忠诚似乎也没有滥情的基因回报率大。这时候，女性又进化出另一个秘密武器，那就是隐蔽排卵。

在自然界中，大多数动物的发情期伴随着雌性的排卵期，只有在这个时候交配才有意义。为了招来雄性，大多数雌性动物会在排卵期做出一部分身体上的变化。但人类则不同，女性在排卵期时，身体外表没有任何变化，男性不可能知道女性什么时候排卵。这时候，对于男性来说，处理这个问题的方法就是"守株待兔"。

因为人类群居生活，女性多，男性必然也多。如果一个男性一时按捺不住外出寻欢，他就无法保证女人不会红杏出墙。一旦这个时候女性处于排卵期，那他可能要为别人抚养后代了。所以，最好的策略就是守住一个人，并尽量增加交配次数，才能保证生出来的孩子是自己的，这样孩子才能得到父母双方的照顾。而那些过于滥情不负责任的男性的后代死亡率偏高，这样的基因也就逐渐被淘汰了。注意，这里并不是男女之间经历了这样的思想博弈，而是由基因回报率决定的自然选择，筛选出了更容易留下后代的基因突变。这种突变多作用于潜意识，表现形式通俗来讲就是吃醋。男女之间因为吃醋，不希望其他同性接近自己的伴侣，从而守着对方。

同时，女性的隐蔽排卵也减少了人类族群中男性之间的冲突，毕竟如果男性集中在一个特定的时间段争夺交配权，那将是一幅非常惨烈的景象，壮年劳动力将大幅减少。而女性隐蔽排卵显然减少了这种竞争的烈度，但这只能说是一个意外收获，因为进化的单位不是种群，而是个体。这样一来，后代的成活率得以增加，基因回报率也开始直接增大。人类主流社会逐渐走向一夫一妻，也可以说爱情的出现由此奠定。当然，这不是绝对的，只是主流。

其实这里也衍生出人类其他特有的现象，比如自然界中大多数都是雄性比雌性更加艳丽漂亮，而人类则是女性天性更爱美一些。在人类社会，不仅女性要挑选男性作为交配对象，而且男性要为自己的孩子负责，所以男性也要挑选女性。而女人还要在交配之后，用自己的姿色留住更有能力获取资源的男人，所以女性越来越漂亮，且精于打扮，更有利于吸引异性。而男人则更加强壮，乐于杀戮，或者逻辑思维能力强大，以解决物资匮乏问题。

虽然现在的人文主义总是告诉女性，美丽是生活精致的体现，是给自己自信，不是为了取悦男人，但我还是要明确这是主观意识，而爱美的天性却是生物学层面，是为了吸引男性共同抚养后代演化而来的，这也是由基因回报率决定的。

III 生育困境演化出了"家庭"

生育困境很大程度上也促成了人类的长寿，但生物界大多数生物失去生育能力后会死掉，这样可以提高基因回报率，因为旧有个体的消失，可以节约生存资源，有利于后代存活。

再看人类，女性失去生育能力之后，也就是绝经之后，大约是48岁。而这时，她的孩子已经进入了生育年龄。由于"早产"导致养育孩子困难，对于祖辈来说，孙辈同样携带着自己的基因，帮助女儿抚养孙辈，同样是在提高基因回报率。

即使女性有拴住男人的手段，但男性原始的"渣男"基因并没有灭绝，广泛交配带来的基因回报率并没有被完全抹掉，在特定的环境下还是会起作用的。这时，男性让自己的母亲帮助养育自己的孩子就可靠多了，而老人抚养孙辈也会挤占生存资源。显然共同抚养带来的基因回报，抵消了争夺食物带来的竞争。因为在极度匮乏或者极端危险的情况下，父辈、祖辈还是会优先保证后代的生存，不惜放弃自己的生命，把生存资源和生存机会优先留给孩子。

我们来梳理下其中的关系。生育困境造成的"早产"，首先创造了母亲，随后女性为了让男人帮助自己并共同养育后代，从而创造了爱情，这样就明确了父权关系，爱情进一步形成。同样，为了有更多人抚养后代，老人在人类社会中也不可取代，于是，家庭的纽带就出现了。而人类聪明的大脑，让家庭成员的感情交流，以及与其他家庭的社交成为可能。

家庭纽带催生了同情、怜悯、共情等更加复杂的情绪，这些情绪被逐渐总结为爱。这也是人类走向文明的基础，让人类从大多数动物中脱颖而出。否则人类可能最多也就是草原上会用尖锐树枝捕猎的顶级掠食者，仍然保持着相对野蛮的状态。

进化到家庭这个程度，人才成为真正的强者，然后就开展了对全球的征服。

智人凭什么脱颖而出成为地球霸主？

人类的社会属性无疑是最明显的特征之一。

先说一下人类的利他行为。

关于人类与其他动物的区别，有一个很普遍且感性的认识——人是有感情的。这种感情的具体表现就是所谓的七情六欲，而最能体现出来的就是人与人之间的感情。

因为有感情，人类能够理解社会其他成员的感受；因为有利他行为，我们才能合作并成为强大的种群，导致很多人会有这种想法：人类社会中有明显的利他行为，而飞禽走兽只为自己生存繁衍来行事，所以人类是相信有所谓的"灵魂"的高级生物。那么，我们还能从演化的角度强行解释这个"利他"行为吗？（以下是我的推测。）

||| 人类的"利他行为"真的存在吗？

其实与其说如何解释利他行为，倒不如仔细想想，人类真的有利他行为吗？

从基因回报率的角度来讲，所有因突变而生存下来并能很快散布整个种群的生物性状，首先要有利于个体的生存与繁衍，然后个体通过竞争在种群中扩大这个基因突变频率。这与"演化的单位是种群"的概念也不冲突。利他行为对整个种群有好处，成员之间相互帮助，共同抵御危机，种群才会变得强大。

可是，如果一个种群中有普遍的利他行为，而其中某个个体是绝对自私的，那么他只会得到族群成员的帮助，不用承担共同抵御外敌会受伤的风险，而且这个个体的存活概率会大于身边那些有利他行为的个体，也就是会获得生存繁衍优势。那么"利他"基因必然逐渐被"自私"基因取代，有利于整个种群的进化方向并不会延续下去，因为演化的表现在种群，而根源在个体。从这里就可以看出，从个体角度来讲，完全利他的基因根本不会存在，看似利他的行为就是包装过的利己行为。

那么，我们社会成员之间相互关爱、共情、怜悯这些现象是如何产生的呢？基于基因回报率，在亲属关系里，如母爱和孝敬父母这种利他行为很容易理解，因为有利于基因的延续。但是，对于非家庭成员呢？显然，帮助他人并不能提高自己的基因回报率。可以想象，在族群生活中，总是"做坏事"的自私的个体会危害族群成员的生存，比如他总是偷取邻居的食物或者总是寻找别家的异性偷情，看似有利于自己生存繁衍的行为可能会招来族群成员的激烈反抗，那么这个自私的个体还能存在多久呢？

这种自私行为可能会造成反作用，不利于自己的生存。而共情"基因"本来就强烈地作用于家庭成员之间，很容易突变出对其他成员同样怀有这种感情的个体。至于这个个体，只要做危害族群成员的事情比较少，产生的矛盾不多，与其他族群成员合作捕猎、共御外敌的活动就会顺畅很多。如此一来，这样利他的基因在一定程度上也就有了繁衍的机会，以讨好为目的的善意举动就随之出现了。同时，由于个体的自私性，如果善意举动获得他人的正向反馈，也就是答谢和回报，这样的行为会因逐利目的而被加强，大脑也会突变出获得感谢后的愉悦感，同时答谢与回报的行为又会触发族群成员给自己更多的帮助。这样的行为也就有了被强化的理由。

我们可以回想一下，让我们获得愉悦的不是帮助他人，而是施以援手之后他人对你善意的反应。如果你对某人施以援手后，那个人的反应冷淡，你的大脑就会产生愤怒。如果善意的举动得不到正反馈还继续帮助他人，才叫绝对的利他行为，而这种现象不会广泛存在，因为这有悖进化逻辑。这也就是为什么在我们的日常生活中，任何感情都需要双方的经营，无论友情还是爱情，一味地从他人那里索取，有违自私基因的生物学基础。

所以，看似利他的行为都是利己的行为，而有些企业只和自己的员工谈情怀、谈奉献才会让人嗤之以鼻。人类社会是各种行为博弈与竞合之后的产物，正是由于大脑进化出的强大社交能力，人类才达成了以自身利益为终极目的的庞大复杂合作关系网。这也就使得人类能够突破自己的生理限制，成为具有超强适应性的绝对强者。

III 群体智慧，让智人走到食物链顶端

刚来到草原时，古猿人的奔跑速度不算快，在食物链上的位置也不高，因此百万年间他们都是大型肉食动物的食物。可是在大脑的进化逐渐明显之后，共情心理的出现使得人类祖先开始有意识地相互合作，遭遇凶险的古猿人很可能得到其他成员的帮助。也就是说，当狮子袭击一个人类成员时，它就可能会遭到十几个手持武器的人类一顿胖揍。其实像斑鬣狗这种生物也有一定的社会性，可它们因脑容量不足，无法在非亲缘关系的同类间建立更多联系，也没法厘清10个以上成员的兽际关系。而现代人类可以准确记住150个人左右，厘清关系，相互协作。

这也是我们现代人喜欢"八卦"的根源。就算是科学家，茶余饭后聊科学的应该也不会太多，更多的话题可能是某个研究员的习性、脾气，或者哪个同事有晋升机会。这就是大脑在习惯性地收集身边人的信息并加以梳理。

草原上的猛兽在看到一只或者几只猿类时，会毫不犹豫地冲上去，但遇到五六十只猿类组成的庞大队伍时，只能当没看见，因为猛兽的智力同样知道攻击这种族群的后果。如此一来，早期人类大规模群居就成了非常必要的事情。这样的队伍当初应该和羚羊、角马一样，在非洲草原上追随着雨水与食物，年复一年地

迁徙，同时也接受着自然的选择。不同的是，人类因为绝佳的视觉、对环境的感知能力以及直立行走的能量优势，可以走更远的路去探索新的栖息地，而不是沿着那几百万年不变的迁徙路线循环。这个能量优势给了人类探索的勇气，这种正反馈造就了好奇心和敢于探索的精神。但对于其他动物而言，过于好奇或者独自跑远，可能就饿死在异地了。

在大约300万年前，作为直立人的人类群落出现并开始迁移，其实这不是人类有了要征服世界的觉悟，而是只想在自己的活动范围内探索更好的栖息地。如果某个在北非的直立人部落每40年向东迁移100千米，那么只要1万年的时间，他们就能从北非走到中国。所以当直立人出现100多万年后，中国境内也出现了相应的元谋人，在70万—20万年前也有北京猿人活动。不过这里还是要说一下，根据分子人类学家对DNA的测定，他们不是亚洲人的祖先。当前全球人类的祖先是20万年前还在非洲的智人，其他古人类，包括强大的尼安德特人，都在智人短时间席卷全球的运动中消失了，因为发现且能测定的最晚的北京猿人化石被定格在了智人扩张的时候。当然，也不排除一些北京猿人和尼安德特人的基因进入了智人的基因库，一定程度上塑造了东西方人种的差异。

这里说到了尼安德特人，这个人种是直立人走出非洲后来到欧洲，因为寒冷的气候和其他动植物的因素进化而来的。对比同时期人类的脑容量，尼安德特人的脑容量在1 200～1 750毫升，而智人的脑容量在1 400毫升左右，也就是说大多数尼安德特人要比我们聪明。同时，研究人员还发现尼安德特人的骨骼更加结实，体格也更加强壮。这就是说，这是一个相对于我们更加健壮且聪明的人种，因为他们是逐渐迁移过去的，迁移的过程中也被环境塑造成了适应当地寒冷气候的完全体。这就是在相对缓慢的迁徙过程中被环境雕琢后的结果。

可是脑容量只是表象，根本原因在于大脑的不同结构。科学家在对比了具体大脑构造之后，发现尼安德特人的大脑负责视觉处理以及反应速度的部位非常发达，可以想象单个人或者说一小群人在欧洲寒冷的森林里有着极强的生存和格斗能力，可以靠力量洞察力以及反应速度猎杀庞大的野兽。但相比于现代人，他们大脑负责语言交流沟通的地方却小一些。化石证据也表明，尼安德特人的部落人数不超过两位数，根据基因测定，他们都是亲属关系。

智人群落的遗迹却表明，智人在同时期部落人数已经达到150人左右。他们就是以这样的群落规模，浩浩荡荡走出非洲的，而且这个速度很快，环境中自然选择作用还不是很明显，也就是体格依然很弱。这就导致他们必须依赖群体智慧以及改造自然来适应不同的环境。

显然，智人是最晚走出非洲的直立人后代，开阔的草原以及凶悍的大型猛兽使得他们的群落规模越来越大，人际交流能力也在百万年里得到了充分锻炼。

而导致智人快速向欧亚大陆迁移的原因，很可能就是冰川期的到来，季风、洋流的变迁，全球气温降低，使得非洲越发干旱，之前的森林变成草原，草原变成了沙漠，剧烈的环境变化导致非洲再也留不住人了。但是走出非洲的智人没有来得及进化出强健的体格，只能硬着头皮走入陌生的环境，并运用智慧去适应环境。有些人类学家估计当时所有智人的数量可能已经不足1万，不过这极少数的智人还是将演化的火种带到了欧亚大陆。

其实单个智人制造工具的本领并不比尼安德特人强，可智人有庞大的群体。一个人爆发出智慧的火花，创造了革命性武器之后，会很快普及到部落的上百号人手里。比如，能成倍增加投射距离的投射器，在10万年前的欧洲几乎是智人的制胜武器，而尼安德特人大部分还在用大致削尖的树枝和绑着石器的矛与巨兽搏斗。不排除有些尼安德特人也发明了同样的工具，但工具因为交流能力不足而无法普及，所以几十万年间他们使用的工具几乎没有明显变化。而智人强大的交流能力让不同部落间的技术交流甚至简单的贸易成为可能，这就是群体的智慧。庞大的部落人口基数以及交流能力让技术爆炸在那时就已经初露端倪，智人的群体智慧逐渐让他们成为适应性超强的生物。

III 智人的全球性扩张带来的物种灾难

接下来就是智人向全球扩张的时期。运用集体智慧的智人可以突然闯入一个生态系统中，并逐渐成为主宰。

《人类简史：从动物到上帝》中就描述过，地球上有很多原本独立的生态环境，如大洋洲、北美洲、南美洲，还有马达加斯加、日本这种岛屿，这些地区的生物独立演化了几千万年。通过化石测定，人类最早来到澳大利亚的时间在45 000年前，对应的就是澳大利亚大型动物集中灭绝的时刻，2米高的大袋鼠、袋狮、巨型鸵鸟、大树懒、大地懒、双门齿兽，都在人类出现之后几千年时间里消失殆尽。各种自然因素，类似气候变迁都无法解释单独一个生态系统中大型陆生动物集中灭绝的事实。如果硬说是因为冰川期到来（每十几万年一次），那么这些生物也活过好几个冰川期了。这样"罪名"就归结给了人类，因为冰川期也造成了海平面下降，跨越当时的大洋去澳大利亚、马达加斯加殖民也不是不可能。不过这个过程应该不是人类有意识地要将当地物种赶尽杀绝，而是高效的猎杀手段，显然超过了这些生物的生育速度所能弥补的范围。

大型动物的生育速度都很缓慢，如果一个部落2个月猎杀1只，那么十几万澳大利亚智人100代人2 000年左右的时间就可以让类似双门齿兽这种巨兽灭绝。与此同时，用火开荒也可以瞬间改变当地的生态环境。美洲大陆也是一样的，当时白令海峡应该不存在，追赶兽群的智人同样运用集体智慧，通过能够缝在一起的兽皮和雪鞋等御寒措施抵御了西伯利亚的严寒，在千年的时间里逐渐迁移到阿拉斯加及北美。

即使是在严寒中生存的尼安德特人也从未来到纬度如此高的地方，这个时间大致在1.6万年前。当然，当时的智人意识不到自己来到了新大陆，他们只知道高纬度地区有蛋白质和脂肪含量丰富的驯鹿和长毛象，随后又追随北美野牛向南进发。短短1 000年间，人类定居到美国中部平原、落基山脉脚下、密西西比河的沼泽、墨西哥的沙漠、亚马孙的热带丛林，最后直接冲到了阿根廷的大草原。除了人类，地球上没有任何其他生物在几乎毫不改变基因的情况下，能快速迁移到如此不同的环境中。

伴随人类踏足美洲，美洲物种同样遭遇了大灭绝。2 000多年时间里，北美72%的大型哺乳动物灭绝，南美洲更是达到了83%。这样的情况还在太平洋的各大临近岛屿以及欧亚大陆的一些处女地不断上演。智人的第一波"殖民运动"就是整个生物界的浩劫，在人类进入文明之前，智人就已经让地球上一半以上的大型兽类消失了。当人类展开农业生产之后，更多的物种由于农业的开垦失去栖息地，这就不只是可以被狩猎的大型兽类的灾难了。当动物逐渐适应人类农业的生产造就的环境之后，工业化生产的污染以及人口的爆炸式增长产生的垃圾，又让地球生物多样性开始雪崩式下降。可以说人类的繁衍和扩张是地球生物有史以来经历的最致命的灾难，因为之前地球历史上的大灭绝都要经历上百万年的过程，而同样的灭绝规模，人类只用了不到3万年，而且这个速度呈现指数型加快趋势。

关于进化论，其实每个科学观点都会有围绕它的争论，如超对称粒子的存在、弦理论的适用性、意识的生物学基础、宇宙高能射线的来历、暗物质暗能量的本源、质子是否会衰减等，而达尔文提出的进化论，或者更具体的人类的起源却招致激烈的争吵。当然，可能有人会说，前面说的那些内容普通人哪里听得懂，太过学术。难道生物演化理论就很简单？

要想真正了解生物的演化，就需要从原子角度了解氢键的原理。如果没有氢键，水在地球大气层内的温度下不会是液体，也就没有这生命之源；氢键也是DNA碱基互补配对的根源，核苷酸携带的碱基官能团所确定的氢键数目决定了碱基的配对方式。接下来，DNA不同碱基对应的信息又通过氢键对应了不同的氨基酸，DNA可以对应产生氨基酸构成的肽链，肽链进一步组合形成蛋白质，构成生命体。小到细菌、病毒，大到参天大树和我们人类，都是同样的原理构成的。而DNA的自我复制会出错，这些错误再被自然环境筛选。一系列系统的知识体系组成了演化理论的基础，要彻底明白演化原理就得去学习、记忆海量的知识，而这样的认知模式违反了人类的认知习惯。百万年来，人类都是从看到的故事中总结模型、学习知识的，所以全世界的研究者是伟大的，他们通过不懈地钻研，不断实验和观察，将人类起源问题从哲学或者说神学层面转化成了具体的数学问题，使得研究有了具体的着力点，而不再是虚无的猜测。可是对于知识了解并不多的我们来说，通过故事建立认知是人类的本性，这种本性虽然也是演化的产物，却使人们更容易接受"人是被智慧设计出来的"观点。毕竟这个"知识"简单明了，还可以体现人类自身的高级性，也符合流传到现在的很多宗教理论的根基。所以关于进化论的正确性才能在大众当中无休止地争论下去，而真正的生物学家是用各种推理和发现来完善这个理论的。

当然，本文观点也有不理性的地方，比如对于演化理论无法解释的地方，对寒武纪生命大爆发等理论选择忽视，等等。在很大程度上，这是我个人情绪所致，因为我本人是绝对的无神论者，我不希望被一个绝对权威束缚，更不希望别人拿一些有的没的天经地义来管制自己，这也是我个人厌恶有神论的直接原因，最终的表现就是对演化理论的挑战选择视而不见。

其实从绝对客观理性的角度来讲，这些问题是存在的，同样需要认真对待，很多科学的重大发现其实就是在应对这些挑战中得出的。

可是相对于演化理论，关于物种的起源、人类的诞生也就剩下神创论和地外文明创造云云，这都是些无法证伪的超自然、未探测理论。

相对于整个生物学包含有机化学以及原子物理，并由全世界数以万计研究人员总结出来并反复验证，同时部分还有待完善的现代演化理论来说，你还要选择自己主观愿意相信的东西吗？

成功驯养一种动物有多难？

因为疫情，我们对野生动物交易进行了更加严格的管制，结果一个关于能不能吃狗的老话题又被提出来，爱狗人士和食客展开了一场论战。

在讨论这个问题前，我们先来看一组数据。

根据联合国粮食及农业组织的数据，人类每年大约要吃掉620亿只鸡、15亿头猪、3亿头牛、5亿只羊。这些数据是大型牲畜加工厂统计出来的大致数据，民间村头的牲畜养殖没有算在内，其他的鱼、虾等也是多到无法统计。这些动物失去生命的时候可没有什么庄重的仪式，只有和流水线一样的标准化生产屠宰过程。一些研究者越来越倾向于认为，这些动物同样拥有自我意识。然而，不管它们进入屠宰场会产生什么样的心情，你会为了照顾动物的心情而放弃吃肉吗？毕竟，我们人类摄入的蛋白质以及很多维生素、矿物质主要来源于这些大中型动物的肉。

根据以上数据，按照全世界80亿人50年后预期寿命100岁来算，我们每个人一生要吃掉差不多800只鸡、19头猪、6只羊、4头牛。再考虑一些吃不上肉拉低平均值的贫困国家和地区，在繁华都市里生活的你估计消耗量还要增加2~3倍。野生动物变成家畜，是因为它们对我们人类有用，和谷物、蔬菜一样是人类几万年来驯化而来的。在当前各种机械运作之下，人类已经不需要畜力了，牲畜的主要用途就是从它们的身上获得我们需要的能量。

狗也和其他牲畜一样，成为宠物是为了满足人类自己的需要。养宠物的行为也是为了人的快乐，而不是为了宠物。毕竟很多宠物因为人的喜好已经变得非常不适合生存，甚至很多狗已经被培育成了畸形，一生都非常痛苦。某些人为了保证所谓的纯种，让它们近亲繁殖，强行并快速改变它们的繁衍方向。所以，这些人所谓的爱护动物，宠物是人类的伴侣，实际上爱护的是他们自己，或者说是他们的心情。

III 畜牧业为什么是从亚欧大陆开始的？

如果一个地方的人类只驯化了品种单一的作物，比如只驯化了小麦或水稻，那么这一地区的人为了农业生产定居下来，很快就会因淀粉摄入过多而营养不良。要知道，人类需要的营养物质里，无机盐、氨基酸、维生素以及各种脂类一样都不能少。我们演化了几百万年，历尽艰险好不容易爬到食物链的顶端，结果聪明过头吃得太凶，成为各个大陆的入侵物种，严重破坏了生态平衡。而过去近百万年吃肉的习惯，导致我们的身体不能像大多数动物一样合成营养元素。比较突出的是维生素B_{12}。维生素B_{12}是帮助大脑神经形成的重要催化剂，是动物胃肠里的细菌发酵生成的，而人类的肠道菌虽然可以发酵产生维生素B_{12}，但因为发酵处位于大肠，可以吸收这种维生素的是小肠，所以人类虽能自产却不能"自销"。这也是演化过程中食物品质上升，以及为了应对大脑增大而选择精简消化道的结果。

其他动物都能合成维生素B_{12}为己所用，而人类不能，这就是有些素食者长期情绪不稳定、抑郁的原因。肉里类似的营养物质还有很多，人类捕猎效率提高以后，身体在演化过程中就放弃了很多合成营养素的功能，现在不得不自己种蔬菜吃，可是吃蔬菜没法像吃动物肉一样补充足够种类的营养。前文中也讲到，吃肉是大脑功能增强和维持的基础，人类必须吃肉。

打猎的生活和耕种的生活一般是不能兼容的。因为世界大部分地区的气候都呈现出季节性，所以大多数草食动物会根据雨水和植物生长情况进行迁徙，而以狩猎它们为生的打猎者就要跟着迁徙，但农业生产要求定居生活，所以要种地就不能迁徙、打猎。

当亚欧大陆打猎的回报越来越少以后，人们就开始自己种植粮食。最初的几个农业发源地都种植有谷物、豆类、蔬菜，以保证一方人的营养摄入，营养不全面的地方就不会出现规模化的农业。可是既然植物能生产，那动物肉呢？毕竟很多营养还是从动物肉上获取更高效，肉类、植物结合才能达到人类在狩猎采集时代的营养摄入标准，毕竟人类的身体是在这套标准下构造的。所以农业率先在中东的新月沃地和中国长江、黄河流域出现，而大约1 000年后，人类对大型牲畜的驯化也就开始了。

其实人类在还未进入农业社会的时候就驯化了狗。可以想象，智人和狼群以前都作为顶级猎食者，都有长途奔袭能力，具有社会性的两个种群可能经常在捕猎过程中相遇，也可能存在过或爆发过冲突，但由于智人超强的交流能力使人类的捕猎效率更高，这时智人是否会分出来一些食物防止饥饿的狼群尾随呢？这种关系经历几万年的发展就足以让部分狼演化出对人的依赖感，而生物的逐利本性也不会让人类纵容狼的寄生，所以部分狼演化成了狗，成为人类预警以及捕猎的帮手和生产工具，现在又成了宠物。

当然，狗对人类的整体发展没有起到很大的作用，真正起作用的大型哺乳动物主要是猪、牛、羊、马。这些动物的肉是人类所需蛋白质、矿物质以及油脂的来源；它们消化植物的纤维素产生粪肥滋养我们的庄稼，为农业生产提供了重要的劳动力，还给我们提供了陆上运输服务；它们的皮毛被制成皮革、衣服，此外还是军事行动中的机动力量以及突击手段。

其他的小动物，比如鸡、鸭、鹅、兔子，甚至蜜蜂、蚕蛾，都被人类加以利用。这些小动物均可以被替代，但大型牲畜的作用却不可替代，因为大型畜力可以做到很多人力所不能及的事情。这也是古代开凿和建设水利、风力工程的先决条件，而建立这些工程的组织，很可能是国家出现的原因。如果对大型牲畜的驯化是在很短时间内完成的，这也相当于一次"工业"革命。只是在学界，这一事件的光辉被发生在稍早前的农业革命所掩盖。

但还有一个更重要的问题，那就是几乎所有大型牲畜的驯化都发生在欧亚大陆。在大航海发生之前，南北美洲、大洋洲以及除北非之外的非洲，这些大陆没有出现任何起决定性作用的大型牲畜。

补充强调一下，因为撒哈拉沙漠的存在，北非与剩下的非洲有着很大的地理障碍，而北非与欧洲南部却同属地中海文明，与欧亚大陆的文明有着紧密来往。历史上有著名的迦太基和古埃及这样的大型文明群落，所以我在这里是将北非算进亚欧大陆文明的。

为什么新大陆多少有些农业，却几乎没有畜牧业呢？非洲和美洲的野生动物也不少呀，尤其是非洲有成群的斑马、羚羊、水牛，却只驯化了少量的珍珠鸡和豚鼠用来吃；整个美洲最后也只有少数地区驯化了羊驼用来玩，而且由于地理原因羊驼也没广泛传播。当前这两个大陆以及大洋洲的牲畜都是全球化以后从亚欧大陆引进的，这又是什么原因呢？

《枪炮、病菌与钢铁：人类社会的命运》一书里有"安娜·卡列尼娜原则"这样的说法：可驯化的动物都是可以驯化的；不可驯化的动物各有各的不可驯化之处。类比人类找对象结婚，就是"幸福的家庭都是幸福的；不幸的家庭各有各的不幸"。这句话的意思是，幸福的婚姻必须在许多不同的方面都得是合宜的。比如，双方是否相互吸引，三观是否一致，对待子女的方式是否合适，性格是否合拍，与家庭其他成员关系是否融洽等。在这个过程中，一个点出现问题，都能让双方的关系破裂。

那么关于驯化动物的条件，其实和找对象一样。想要驯化大型动物，首先生存环境里要有大型动物。把成年体重超过45千克不吃肉或者不主要吃肉的动物列为可能驯化的对象，体量，也就是大型与否，决定了它能给人类带来的影响。对于吃肉的动物，如果要养，我们先把危险性放在一边，来计算另一个问题：

在食物链上，生物量的转化一般在10%，也就是用100吨植物饲料饲养草食动物最多能获得10吨肉，再用这10吨肉饲养肉食动物只能从肉食动物身上获得1吨肉。

这何必呢？饲养肉食动物经济价值非常低。所以，不考虑驯化，这在一定程度上也是狗肉没有成为大众食物的原因之一，因为这是奢侈品。

这样算下来，亚欧大陆符合基本标准的有72种动物，成功驯化的有13种；非洲有51种，但没有1种被驯化；美洲在人类踏足后只剩下24种，成功驯化了1种，就是羊驼；大洋洲只有袋鼠达标，还驯化失败了。如果以亚欧大陆为样本，驯化率似乎是18%，大洋洲出于特殊原因还说得过去，但是以非洲和美洲的动物基数来看，驯化率不应该如此低呀！

我最开始认为和驯化植物一样，非洲人和美洲印第安人因为野生动物资源相对丰富且稳定而没有驯化意愿，可以直接抓现成的，干吗还要辛苦找东西把动物喂大再吃？归结到上文的说法也就是，根本不想找对象，当然就没对象了。但是，我认为这只是原因之一。

因为大航海或者更早到达欧亚大陆的旅行者，将动物带到非洲和新大陆以后，很多原始采集部落很快开始驯养动物变成了牧民，有了从牲畜身上获得的稳定生活来源之后，牧民很快征服或吞并了周围的部落。游牧民族是跳过种植业直接进入畜牧业的农业社会的。

这里说的是能改变人类社会的大型且温顺的牲畜，小动物甚至豺狼、虎豹在非洲、美洲都有不同程度的饲养，只是经济利益不大。所以主要问题不是出在人身上。当前世界上148种可以用来驯化的候补大型动物必定都被人类试验一遍了，在大航海以后，又被出去的欧洲人试了一遍，但可驯化的牲畜还是那几种。

动物没能被成功驯化或者被费力驯养了一段时间又放弃的原因都在一些小细节上。首先是生活习惯问题。比如，大象就是因为在圈养情况下无法交配而没能被驯化，战象和马戏团的大象是从野外抓来驯服的，而不是驯化的。其次是一些动物领地意识强或者仅在发情期有领地意识，导致不能圈养，多数的鹿就这样被淘汰了。最后是防御意识。欧亚大陆的驴和马都能被驯服，但非洲的斑马会咬住人不松口，野猪、水牛、羚羊、河马、犀牛等，同样有攻击人或者特别怕人的倾向。估计是因为百万年和人一起演化，它们对人进化出了防御意识。这些原因就导致它们不能被圈养，甚至会遭到捕杀。还有些动物虽然群居且温顺，但是没有社会性。我们常说"领头羊"，这个概念就是有些群居动物会自发服从于一个领导者。牧民只需控制住领头羊就能控制羊群，在游牧迁徙的时候不用过度担心羊群跑丢——有经验的牧民还会通过一些方式让自己成为畜群的领头者，方便放牧。

所以，结果可能就是这样：可以被驯化的动物的存在是一个小概率事件，所谓符合驯化条件并不是随机概率事件，而是无规律事件。因为各种限制条件，让这个无规律事件就在备选动物基数最大的亚欧大陆出现了，但这对亚欧大陆来说算是幸运吗？

Ⅲ 传染病的暴发与驯化动物有关吗？

病毒和细菌是地球上最古老的生物，它们生存同样需要物质基础。动植物富含大量有机物，就成了细菌与病毒生存的理想场所。但是直接强行索取动植物的营养物质会造成宿主的反抗或者宿主的死亡，所以破坏性的寄生关系不会长久存在。于是在亿万年自然选择原理的作用下，它们大多数与动植物演化出了共生关系。这就是我们通常说的什么动物携带了什么病原体，只是这些病原体大部分情况下对宿主是无害的，一旦这些微生物出现基因突变改变生活方式，就会破坏共生关系无法生存了。但是，不同的病毒或细菌与不同的宿主生物形成的共生方式是不同的，相同的生命活动产生的代谢废物对一种动物可能无害，但对另一种动物来说可能就是毒素。

人类驯养动物之前，各种动物种群都在自然选择的作用下保持着合适的距离，有亲密接触的不同物种也早已交换了身上的微生物群落。这使得微生物们在寄生的动物身上达成了生态平衡，可以与动物和谐共生。可人类突然要驯化别的动物，强行与之亲近的操作没有给自然选择留出足够的时间，于是家畜身上的万亿种因为基因突变本来要灭亡的微生物通过各种途径来到人类身上。在这万亿个发生突变的微生物种类当中，总有一些突变出了能与人体表面蛋白结合的受体，使得这种微生物得以在人类身上生存，而它原来的生活方式可能让人体无法适应。此时，感染就发生了，入侵的微生物成了病原体。而对于病原体来说，只要人足够多、足够密集，能实现在宿主死掉之前传播到更多的其他宿主身上，那么病原体就能稳定存在。

咳嗽、打喷嚏、持续腹泻都能传播病原体，至于宿主是否痛苦、是否会死，这些病原体不在乎，这是传播繁衍的附带结果。麻疹、肺结核、天花的直接传染源是牛，流感来自猪和禽类，疟疾来源于各种家禽。啮齿类动物涌入人口聚集区，它们身上共生的鼠疫杆菌传播到人身上以后，也在历史上造成了多次空前的灾难——霍乱。人畜混居使人们生存环境的卫生情况变差，动物粪便污染水源，很可能是疾病暴发的原因。历史上的几次重大疾病几乎都是这样暴发的。

不过，对于短期可以快速传播，又给宿主造成灾难的病原体，长期来看它们也会因为缺少宿主而灭亡。当时间线拉长以后，自然选择的磨合作用又会显现出来。亚欧大陆的人类也逐渐和最初来自牲畜身上的病原体演化出了共生关系，导致这些病原体虽然在人体内感染，但不会让人发病。每个新出现的病原体在千百年以后，要么被灭掉，要么就失去了毒性，甚至成为益生菌。

在欧洲大航海之前，因为两大洋的阻隔，没有互相交流，亚欧大陆来自牲畜的疾病从未感染到美洲。可自15世纪开始，本来两大洋组成的免疫屏障被欧洲的远洋航行技术突破，寄生在欧洲人身上的多种疾病开始同时在这两个大洲蔓延，也就是在欧洲铁质刀枪以及势不可当的骑兵造成大屠杀之前，侵略者带来的疾病早已屠戮了大半印第安人。再加上很多印第安大型帝国的行政管理体系被摧毁，后来欧洲才会轻而易举地征服这里。而美洲没有驯化多少动物，没有相类似的疾病可以挡住侵略者，加上欧洲农业文明带来压倒性的技术优势转化而来的军事优势，结果可想而知。

了解到这些以后，我有一个思考，美洲和非洲一样都是文明起步晚导致落后，但结局似乎不太相同。首先，在大航海时代，非洲土著没有因为欧洲疾病入侵暴发瘟疫人口锐减，现在非洲人口主体还是原住民。我根据一些知识和自己的推理梳理了一些还算合理的原因。

第一点仍是之前提到的，美洲尤其是北美与欧洲在同一纬度，气候环境和欧洲差异不大，所以欧洲人更倾向于在北美洲殖民。而酷热的非洲，纬度虽然没有那么低，但自然环境适宜，且出现了钻石，殖民者就有兴趣了。同样的道理，欧洲对南美洲的争夺就没有在北美那么激烈，以至于南美主要成为西班牙和葡萄牙的殖民地，和英、法争夺的北美相比显然存在感有点低。

第二点是关于疾病，撒哈拉沙漠以南的非洲虽然与亚欧大陆文明有一定脱节，但是人间病原体的传播可能仅仅由极个别人就能完成。撒哈拉沙漠显然不像两大洋一样能绝对隔开人的交流，所以非洲在遭受欧亚大陆持续性的疾病袭击之后，也在近千年时间和亚欧大陆一起完成了所谓的群体免疫。因此，殖民时期欧洲的疾病没有对非洲造成巨大的影响，反而是来源于非洲猴子身上的黄热病和各种热带疾病打消了欧洲人殖民的念头。

现如今，地理的劣势被科技在很大程度上弥补之后，全球化让文明交流没有了空间上的阻碍，第三世界国家，尤其是非洲成了世界上人口增长最快的地区。联合国预计，到2050年非洲的新增人口将占到全球新增人口的一半，也就是地球上每两个新生儿中就有一个是非洲人。人口增速加快有文化思想的原因，也少不了生活条件改善的加持，整个非洲欠发达地区将是未来的重要市场，忽略它将是巨大的战略错误，这就是我国和第三世界国家各种合作政策的基本出发点。

但要明确，每个国家绝不欢迎一无是处的外国人来本国定居，没有贡献只会稀释本国人民的利益。之前新闻报道的《中华人民共和国外国人永久居留管理条例》（征求意见稿）引起了风波，但我认为这种条例限定了外国人旅居中国的条件，达到条件的拿证，没达到条件的就有了依法驱逐的根据，让有贡献的国际人才得到更多的法律保障。大量第三世界国家学者来中国交流学习，吸收中国知识思想和价值观，这样更有助于构建人类命运共同体。

回过头再看一下驯化动物对人类的影响。亚欧大陆确实因为运气好，一开局就获得了几乎全部可驯化的大型牲畜。畜力和食物给这里的人带来了进步，可接下来人类又因此遇到了最可怕的敌人——疫病，几度陷入毁灭性的危机之中。但灾难过后，这里的人类获得了相应的免疫能力，让疫病成为自己征服掠夺殖民的最具杀伤性的武器。而当前全球经济一体化以及牲畜更大规模繁殖，又让当今世界成为变种病原体传播的乐土，造成全球性危机。

孕育了文明种子的非洲，为何越混越差？

2020年5月，美国明尼苏达州黑人男子乔治·弗洛伊德因涉嫌伪造罪被警察逮捕，随后却被白人警察跪压颈部导致窒息而死。于是，这件事的矛盾升级，也让美国一些城市被视为地狱。

这让人不由得去想，为什么黑人总是这么惨？关于西方世界的种族问题，一开始是弱势群体的非洲裔公民因为受到歧视，失去很多教育、工作机会，从而沦为社会底层，没有地位，最终导致犯罪率高，进一步被歧视，形成恶性循环。但这只是问题的结果，为什么他们在最开始就是弱势群体？为什么近代不是非洲的武装商人把欧洲人卖给美洲的印第安人种棉花？非洲为什么这么落后？

现在的研究表明，不同人种在智力方面差距不大。但不容置

疑的是，当前的非洲是世界上最落后贫穷的大陆（南极不算），
最开始对黑人的歧视也源于此。

人类起源于非洲，按理说非洲应该有先发优势，其他大陆都
应当追赶非洲才对。

到底是什么原因造成了非洲的落后，是什么原因造成了世
界文明发展的不均衡？为什么是欧洲人用先进的武器，掌握远
洋航行的技术来美洲造成大屠杀？为什么是欧洲的疾病能夺去
美洲90%的土著人口，而不是美洲的疾病让侵略者望而却步？
同在亚欧大陆，为什么近代白种人对黄种人取得了技术上的
优势？

Ⅲ 黑种人为什么黑？

还是先来说说不同颜色的皮肤以及外貌形成的原因。关于肤
色，我们都有一个直观的感受，就是太阳能把人晒黑。不过，黑
种人的肤色只是人体皮肤的一种保护机制，刚出生的黑种人婴儿
皮肤也是黑的。反而，黄种人不接触太阳久了就会相对变白，所
以不会直接晒成黑种人。当前主流的研究结果都是人类起源于东
非大裂谷的东侧，虽然这一研究尚存争议，但是从逻辑上来讲，
如果是多地起源，世界各地的智人基因不可能如此相似，因为从

未有过不同大陆演化出基因相似到没有生殖隔离①的生物。

这么说来，原本同种生物隔离久了就会出现生殖隔离，但不同大陆、不同环境起源的人类基因却相似到没有生殖隔离，这显然逻辑不通。合理的解释就是，人类发源于一处，然后遍布世界，且相互隔离时间不久，还没有生殖隔离变成不同物种。根据最早的化石证据和演化证据都在东非大裂谷东推测，人类7万年前的皮肤都是黑的。那么，为什么他们走出非洲以后就变白或者变黄了呢？这和人种优劣有关系吗？

当前科学的说法有很多，比如：非洲紫外线强烈，表皮细胞形成黑色素防止皮肤癌的说法；黑色素是免疫系统的组成，可以抵御热带疾病的说法；还有类似保护色这种说法。这些说法都说了在非洲变黑的好处，而没有解释走出非洲的人为什么会褪去黑色。最后，有一个比较综合并合乎逻辑的解释，人体有两种不可或缺的营养元素，一个是维生素D，另一个是叶酸。维生素D是一类维生素的总称，是骨骼形成和生长以及维持坚韧性的必要物质，这是人体吸收钙质的催化剂。其中最重要的是维生素D_3，但维生素D_3是紫外线照射胆固醇转化而来的，所以保证足够的紫外线射入人体内是骨骼形成以及维持的关键。因为黑色素会把紫外线挡在皮肤外面，紫外线无法照射到胆固醇生成充足的维生素

---

① 基因差距过大会导致生殖隔离，也就是原本同一种生物，因为地理隔离被分开太久以后，基因朝着不同的方向演化产生差异。当差异大到一定程度以后，强行交配生出的后代，同一对染色体有过大差异，导致这个后代自己在减数分裂时成对染色体不能联会，减减分裂被阻断，无法形成精细胞或者卵细胞。这也是马和驴生下的骡子会不孕不育的原因。

D_3，所以相同光照条件下，皮肤越黑的女性生成的钙质越少，分泌的乳汁也就越少，不利于哺育后代。所以基因让男性尽量找皮肤白皙的女性交配，当然这只是择偶的众多衡量因素之一，不起决定作用。

这样一来，在高纬度地区的人，也就是走出非洲先定居在北欧的人类确实成了肤色最白的人种，同时由于在寒冷的空气中呼吸，鼻腔也逐渐变大，用来预热空气防止冷空气冻伤呼吸道。这么看来，我们岂不是越白越好，非洲尤其是撒哈拉沙漠以南的人为什么会黑成这样？

人体是相当复杂的，维生素D的合成需要紫外线，而维生素B族里的叶酸却会被紫外线分解。叶酸是参与DNA复制的重要催化剂，人体的有丝分裂和减数分裂都需要叶酸的参与，以维持人体正常的新陈代谢。新细胞代替老旧细胞的过程出现问题，就像遭受过量核辐射体细胞DNA被破坏无法正常分裂产生急性放射病，死亡率极高。更重要的是减数分裂，在缺乏叶酸的情况下无法正常获得复制的DNA时，精子就不能正常形成，也就是精子畸形。女性的卵子也是同样的道理。还有，孕妇如果晒了过量的日光浴，叶酸被紫外线分解过多，正在进行大量有丝分裂的胎儿发育过程就会受到严重影响，导致胎儿发育不良或者流产。而胎儿的骨骼发育又需要紫外线合成的维生素D[①]，如此一来，人体就需要寻找二者之间的平衡，皮肤在不同的紫外线强度的作用下就会呈现出不同颜色。

---

① 这个表述来自《疯狂人类进化史》第3章。

非洲中部地区紫外线最强，为了防止过量紫外线造成的叶酸损失，人体皮肤就合成了大量黑色素阻止紫外线射入体内。高纬度地区，如斯堪的纳维亚半岛的维京人，由于这里太阳高度角太小，紫外线不足，缺乏维生素D会导致骨骼发育不良形成佝偻病，所以这里的人最白。北欧与非洲之间地区人种肤色渐变。迁徙到黄河、长江流域的亚洲人祖先所在的地区紫外线适中，所以大部分人成了偏黄的肤色。印度、北非等地纬度稍低，所以肤色会更深一些，呈现棕色。

　　当然，受生活环境中营养获取以及植被覆盖率的影响，肤色也会出现一些特例，比如因纽特人虽然生活在北极，但是他们能通过捕食海鱼获取大量维生素D，皮肤是褐色的。而当前由于工业化破坏环境导致北极捕鱼困难，因纽特人的佝偻病已经很严重了。当前生活在中美洲赤道地区的印第安人，由于从亚洲来到这里才1万多年，进化的过程还没有跟上，所以这里的人还没变得那么黑，他们只能尽量在丛林里生活抵御阳光。

　　以上就是世界不同地区的人肤色不同的主要原因。我们是源于同样的祖先，来到不同的地区、不同环境后被自然选择调整了一下外貌，其他特点尤其是智力与人种无关，所以关于人种优劣的说法没有科学基础。即使我们现在说的亚洲人在数学方面强于西方白人，那也是文化环境对大脑后天发育造成的影响——大脑突触连接是有后天可塑性的。

　　但是，当前的事实依然是，非洲大陆的文明发展程度整体落后于欧亚大陆文明。如果美洲原住民没有被欧洲人带去的疾病毁灭的话，他们的文明程度应该也和非洲相似，因为在他们被发现的14—15世纪确实还相当落后，最大的阿兹特克帝国也才刚开始使用青铜器且没有驯化任何大型牲畜。

要解释这些问题，我们先得知道文明发展的关键因素。

III 农业的发展，促进了人类文明的飞跃

人类的身体基本定型，也就是智人的出现，已经20万年了。他们大部分时间都过着狩猎采集的生活。在大约1万年前，中东和中国的河流旁边才出现了农民开始集中生产粮食，所以人类的身体还是更适应奔跑狩猎的生活。普遍的说法是，从狩猎生活到农业生活是一次进步。可是，如果站在当时的人类角度来看，1万多年前的一天，一个原始人类早上醒来感觉自己饿了，假设他知道如何种粮食，他也知道如何打猎或者去哪儿摘果子，那么他会干什么？当然是跑出去打猎！

因为出去打猎当天就能获得食物，而现在开始挖坑种地、除草到吃上饭要几个月的时间，而且生产粮食的过程要弯下腰去耕作，脊椎负担增加，这样时间久了就会造成脊椎受损。人类的身体是为打猎设计的，不是为了除草设计的。所以20万年来，世界上大部分地区的人们肯定早就知道了播种和收获的关系，但是直到最近的1万年才开始弯下腰种地。这里可以看到，主动生产粮食和从大自然里猎捕采集粮食是两种经济模式，两者间是竞争关系，粮食生产促进文明发展只是一种副产物。当初的人类肯定不会预见到这之后的事情，生产粮食肯定也是环境所迫。

那么，是什么原因导致辛苦的粮食生产取代了洒脱的狩猎生活呢？

当人类的大脑进化到足够聪明时，且由于生育困境导致家庭和大型迁徙群落出现之后，人类相比于地球上其他动物有明显优势，这就让来到新大陆的人类能快速适应环境并猎杀生物。在人类进入所谓文明之前，就已经让地球上大半大型兽类消失了。

那么问题就来了，兽类都被我们灭绝了，接下来还怎么打猎？正是当人类发现猎捕野兽越来越困难以后，人类才被迫在曾经丢弃的"垃圾堆"里找长出来的东西吃。这里说一下为什么垃圾堆里会长出可以吃的东西：史前的人类同样会花更多时间采集可吃的植物，果实、谷物、块茎里有人体需要的淀粉和蛋白质。可是，即使人类是杂食动物，当时能吃的植物也不多，因为构成植物的大部分是人体无法消化的纤维素。人们出去采集能吃的植物带回来，吃掉了能吃的部分，有些细小的种子会经过一遍人体的消化道然后和肥料一起成为垃圾，不能吃的或者污染坏掉的部分则扔在栖息地旁边。

之后，人类继续追逐猎物离开这里，第二年又因为迁徙来到这里，发现曾经的垃圾堆长出了可吃的东西或者幼苗，人们就会不经意地维护这些食物，时不时来看看，并赶走一些破坏它们的动物。如果好多天都没有捕猎收获，穷途末路之时，人类就只能把希望寄托到垃圾堆里这点植物上了。因为他们知道，这是他们曾经吃剩下东西长成的，绝对能吃，于是开始照顾这些植物，农业就这么开始了。

1万年前，欧亚大陆上的野生动物已经被人类猎捕了5万—6万年，可以方便捕到且能管饱的动物已经不多了；非洲草原上依然动植物繁盛，且与人类共同进化而来，在一定程度上动物也知道如何避开人类，这样就达成了一种生态平衡。非洲的人类有相当稳定的猎物来源，且不会将猎物灭绝，而走出非洲的人类刚出现在新大陆上，就具备了非凡的能力，这里的动物短时间应对不了，就造成了人类在欧亚大陆的滥捕滥杀，几万年后造成了捕猎困难。而美洲和大洋洲人类才刚过去，还能捕猎一段时间。在亚欧大陆磨炼了几万年捕猎本领的猎人，正在新大陆肆意妄为，根本不屑于种地，也是因为在美洲和大洋洲屠杀过于猛烈，导致后来连可以驯化的家畜都没能留下。

　　但这里还要说明一个问题，刚才说的农民生活能够代替猎人生活还有一个前提，那就是所处地区人们能驯化的植物可以补充人体所需的全部营养，能量和蛋白质还有维生素都不可或缺。如果某个地方发展出了农业但只有小麦或者水稻，没有豆类补充，人们只摄入淀粉没有蛋白质，很快就会营养不良，这样的人类群落会很快出现疾病然后消失，或者放弃刚起步的农耕生活继续打猎。

　　现代的产粮中心都是世界各种作物充分交流之后才形成的，所以最早的农业生产，在各种条件的限制下独立出现在了世界的极个别地区，基本上也就是中东两河流域和中华的长江、黄河流域，时间在公元前10000—前9000年。

　　粮食集中生产让人们定居下来，这样人们就能生产一些大型器具，也可以生更多的孩子。

此外，群居还带来一个巨大的问题，那就是生活产生的垃圾甚至粪便所带来的问题——疾病开始折磨人类。

农业社会刚开始的时候，人类寿命降低了，如果能预见这一点，最初开始种地的人可能也要再权衡一下了。可是现在孩子生了一屋子，不能跑出去狩猎了，且长期不狩猎自己在森林里也找不着北了，那就只好与病魔抗争努力打理田地。当人口越聚越多，在农业社会人口就是劳动力，生产的粮食也就越来越多，人类相互合作会实现一加一大于二的产出。即使在史前时代，我们的祖先智人在智力和体力都不如其他人种的情况下也能成为主宰，灭掉其他人种的主要原因就是会交流，从而结成上百人的群体，集体的智慧总能战胜个体。

粮食产量逐渐增大，社会就有了剩余粮食，有些人就从粮食生产中解放出来，从事管理、医疗、器具制造等工作，社会分工出现，同时统治阶级和社会等级制度也逐渐形成。

所以，农业是人类文明发展的关键。这就是为什么20万年人类生活一直没有变化，而转型务农以后，社会在这1万年里出现了飞跃发展。[①]

III 保持开放交流，才是强大的关键

粮食在东亚和中东出现以后，就开始了向外传播，毕竟地

[①] 此段表述来源于《人类简史》第二部分第五章。

球上很多地方一开始是因为作物品种不够丰富没能发展出农业。当足够的作物种子从初始农业产地传播过来之后，饥肠辘辘的欧洲和北非原始人很快就接受了中东地区传来的粮食。长江、黄河流域的粮食也开始遍布整个东亚，可是传播似乎仅限于欧亚大陆，美洲和非洲没有传播到，而且其本身也没有多少农业技术交流，这也是美洲、非洲后来农业落后于欧亚大陆的主要原因。

这两个大陆都因为当时还有足够能捕到的猎物，没有选择发展农业，所以文明方面就没能和欧亚大陆一起发展。但按理说随着人口流动，以及用猎物换取农业文明的粮食贸易的开展，非洲也可以与紧邻的欧亚大陆一起发展农业（这里的欧亚大陆文明包含北非），可是这样的事情却只发生在欧亚大陆，唯一的解释就是——非洲中南部根本没有接触到农业文明。

为什么呢？从地理位置看，非洲和美洲在形状上与欧亚大陆的不同，很明显的区别就是，欧亚大陆是东西走向，而美洲和非洲都是南北走向。文明发展的进度就被这些大陆的形状决定了。我们想一想，让一位甘肃、陕西的学生去北京、山东上大学，其实生活变化不大，饮食、气候种种方面他都可以很快适应，但是让一个内蒙古人去广州上学，饮食、气候的变化相对而言就很大了，尤其是冬天最冷的时候，阴冷潮湿还没有暖气，虽然南方温度高一些，但是潮湿阴冷让北方人确实受不了。

同纬度地区温度气候差异不大，这样人口迁徙、技术交流的阻力就会少一些；而南北方由于单位土地受到的太阳热量不同，会产生巨大差异。所以整个欧亚大陆从东到西，丰富的作物和与之相伴的技术交流阻碍不大，各个地方取长补短，作物互补也能让不同的地方很快完善营养成分，形成农业基础。而美洲大陆和非洲大陆东西狭窄，同一纬度可供交流的物种有限，同时还有东非大裂谷、落基山脉这种南北走向的巨大地理障碍，势必造成这些地区的相对落后。

人类的交流能力是文明发展的关键。不能充分发挥这一优势，势必造成发展的滞后，这也是在开始步入文明社会时，黑人和印第安人居住地区落后的原因。

开放交流也是当今任何文明强大的关键。这个道理，从古代、近代到现代不断地被不同文明兴衰验证着，当时受到地理的限制，一些文明落后；现在受到思想的限制，比如用人种优劣为思想基础的民粹主义和种族主义，让一些文明又要落后了。

这篇文章是想让大家明白，不同大陆发展的差异源于地理因素，文化的差异追根溯源也受自然因素的驱使，建立这样的科学认知同样是为了防止民粹主义在我们中间滋生。正视世界各地的客观差异，包容学习的同时吸引未来有发展潜力的地区人民增进了解，才能在新兴市场实现互利共赢，而非零和博弈。不仅需要政府的意志，更需要国民自身的思想开化。

同时关于大陆之间的差异还有几个重要的内容，牲畜、病菌、文字、阶级都从源头对现在世界格局产生了重要影响，亚洲近代的落后同样有它的地理原因，还有我们普通人应该以何种心态面对未来不同民族之间的合作与博弈，都是值得探讨的地方。

CHAPTER 2

看看**我们身体里**每天都在发生的**大大小小的"战斗"**，了解人类**身体**如何与自然在博弈中**实现稳定**。

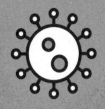

DISCOVERY OF GENES & PATHOGENS

人类命运拐点：基因和病菌的发现

基因如果是自私的，人生到底有没有意义？

先明确一点，这篇文章不是要科普DNA序列当中造成自私个性的是哪些序列，而是要说明所有遗传信息本身的自私性。

如何理解呢？举一个例子，相信很多人都看过科幻小说《时间移民》，由于环境恶化，政府强制一部分人冬眠去未来移民，这时很多人就有了一个问题：在我冬眠期间，如果有人为了一己私利跑来断了我冬眠舱的电源，怎么办？

有一种解决办法，就是把每一个冬眠舱都制造成一个强大的人工智能，输入看护程序可以绝对确保里面冬眠者的安全，抵御所有攻击，这样冬眠者的生命就有了保障。但是商品也会发展，如果出现一款冬眠舱，会在自身能源不足时攻击其他冬眠舱来获取资源，作为商品是否就更有吸引力？接下来因为市场的需要，冬眠舱作为一个机器人变得越来越强大，越来越智能。如果出现一种情况：冬眠舱自主意识的存在与里面宿主本身的生存相抵触，怎么办？

大家可能会问，这和基因有什么关系啊？

不要把自己当成那个冬眠者，而是当成那个智能冬眠舱。此时此刻，你是一台智能机器，而宿主则是你每个细胞内的遗传信息。

你会说，我怎么可能是机器？我有血有肉、有智慧、有思想……其实这个想法源于最普通版本的地球生命演化史。

||| 普遍观点：基因是物种延续自己的工具

在原始地球漫长的化学反应之后，出现了复杂的有机大分子，类似蛋白质、糖类、核苷酸等，这一点在米勒的原始汤①实验中已经实现，这些有机要素因为分子的复杂性可以实现诸多功能。又经过漫长的演化，这些大分子组合而成的细胞结构出现生命，生命是一个会自发地通过加速周围环境熵增来维持自己低熵的个体，由于抗拒自身的熵增并不能维持多久，所以生命还是会死亡。但生命会将自己所有的构造信息和遗传信息记录在以核苷酸构成的DNA分子上，并遗传给下一代生命，这也是下一代生命构造的蓝图。

---

① 著名生命起源实验。这项实验表明，只要水、氨、氢和甲烷，以及模拟闪电的电火花，就可以得到地球上生命所必需的几种蛋白质前体。这一发现表明，在地球早期的条件下，简单的无机物质可以通过自然过程形成生命的基本组成部分。

不过基因的复制会出错，出错会导致下一代生命体态的变异。有利于生存的变异会被自然选择保留，并利用自己变异获得的生存优势，挤占其他生命的生存资源和繁衍机会，这样就能使自己的遗传信息逐渐增加。进化就这样开始了，不同的环境筛选出不同的进化方向，单细胞、多细胞、植物、动物相继出现，生物也越来越多样化，越来越复杂。直到出现人类——目前已知的最具智慧的生命。至于为什么会有如此复杂的生命，这就是一个漫长的不断变异并被环境筛选的过程，并不需要什么权威的顶层设计，一切都是自然作用下的进化结果。而所有生物的进化也从未停止，每时每刻就在我们身边发生。环境变化越剧烈，自然筛选的压力就会越大，进化也就越快。

比如：杀虫剂的更新换代，导致害虫向抗药性的方面加速进化；抗生素和特效药也导致了细菌和病毒的不断进化与变异，从而与医务工作者展开了一场永不终结的螺旋军备竞赛。但是，特定的DNA序列变异出特定的蛋白质，然后蛋白质构成所有生命结构的原理，这35亿年来从未发生改变。

这种说法的核心思想是：基因是物种延续自己的工具，个体将生命信息以碱基序列的形式写入基因的载体DNA分子当中，并传递给下一代。

DNA只有在实验室才会被检测到，我们平时看到的都是千差万别的物种，要承认自己和一只蜘蛛、一棵小草、一个细菌是同样原理进化出来的，确实是件有挑战的事。这也是相当一部分人极度抵触进化论，想尽办法寻找其漏洞的原因。毕竟"人是高级物种"这种认知能带来一定的优越感，也方便了宗教与神学的诞生与发展。

其实，上述过程还只是最普通的生物演化理论。生命与基因就像是俗话说的鸡与蛋的关系，鸡通过孵化鸡蛋来繁衍，生命通过基因来延续，可这样的生命演化图景很难解释一个问题：人类DNA序列中有遗传效应的片段只占大约10%（这里说的遗传效应不光指直接参与蛋白质编译的部分，还包括那些起到辅助作用的类似启动子和终止子的序列），其他部分是不参与记录和表达遗传信息的。

有些说法是，那些无效的DNA序列都是进化过程中被淘汰的、不再编译的部分，这段基因附近出现了抑制此基因表达的序列，而这种抑制反而使生物更能适应环境，这个突变就被保留下来并繁衍壮大。

确实，生物进化程度越大，无效的DNA片段占比就越大，这个因素不可否认。科学家甚至可以在一定程度上通过这些序列去考察此生物的进化历史，但是最原始的单细胞生物同样有相当比例的无效DNA片段。

如果生物是用DNA分子的碱基序列来记录自己的生物学信息，那么这些从一开始就无效的片段为什么会存在？

教科书中说，这一问题还有待生物学者进一步研究这些序列的遗传意义。但英国皇家科学院院士理查德·道金斯在1976年发表的著作《自私的基因》中提出了颠覆性的认知：为什么我们一定要说蛋是鸡繁衍自己的工具呢？鸡生蛋、蛋生鸡的另一种解读就是：鸡是蛋繁衍自己的工具。顺着这个思路，地球生命演化史就是另一回事了。

III 生命或许是工具，基因才是生命的主人

同样是原始的地球，漫长的化学反应之后出现了各种有机大分子，但有一种分子非常特殊——由脱氧核苷酸组成的DNA或者RNA分子，因为脱氧核苷酸携带了一个重要的官能团，叫作碱基。DNA中碱基有4种，特定的碱基之间因为包含特定的氢键数目，所以出现了核苷酸互补配对的现象，也就是说，一条RNA分子或者DNA单链会因为氢键的作用，吸收周围环境中的核苷酸，从而形成另一条含有对应信息的长链分子。

看到了吗？这就是一切生命的源头，一个能复制自己的分子。但这一切没有任何生命形式参与，完全是自发的有机化学反应。但是环境中的核苷酸有限，不是所有碱基序列都有机会复制自己。由于复制中出错的现象从一开始就有，所以有些变异出的新序列出现了能够和氨基酸配对从而产生特定蛋白质的能力。

虽然是无意识的自发过程，但总有一些蛋白质成为DNA序列的"保护壳"，或者成为有效掠夺复制资源的工具。

这个保护壳——"工具"，就是生命。

这个工具在进化原理的作用下不断升级，成为保护宿主DNA并使其稳定复制的有力武器，就像文章开头所说的智能冬眠舱。在那一串串DNA当中的基因，成为操纵生命机器的宿主，而不同的基因也会相互组合，共同形成同一条DNA序列，不同的功能一起发挥作用，保护宿主DNA。于是，细胞出现，接下来藻类、多细胞、植物、动物、人，一代代复制机器不断升级，形成了现在丰富的生命世界。

我觉得这种观点怕是比普通的进化论更难以接受，但这似乎比传统的以物种为中心的理论更具逻辑性。

　　我们只是体内DNA为了复制自己所操纵的工具，所以，为什么会有那么多无用的DNA序列？因为它不是工具，而是使用工具的主人，生命才是工具。

　　其实有性繁殖的生命体从来都不善于复制自己，他的孩子只有他的一半特征，孙辈有四分之一，几代人之后他的生命体特征几乎彻底消失。反而原始无性生殖的单细胞生命将自己复制得更为彻底，但生命还是从无性繁殖进化到了有性繁殖，为什么呢？因为这样的遗传方式，会让你体内的一段段基因有随机组合的机会，从而有机会组合出最具竞争优势的个体，使基因可以更好地永续复制下去。就像杂交水稻的基因互补优势，让水稻充分杂交，然后在子代中选出集合所有优势的水稻。所以，遗传复制的主体不是一个生物种群，也不是一个生命个体，甚至不是细胞核内的染色体，而是那一段段可以任意组合的基因信息。

　　当生命的存在与基因的复制发生冲突时会怎样？当然是基因复制自己的意志普遍胜出。比如大多数生物在失去生育能力后就会死掉。至于人类为什么会成为特例，后面我会讲。还有为了保护后代，牺牲自己生命的行为道理也一样，都是以基因稳定复制为目的的进化结果，而基因就躲在一个又一个的舒适躯壳内，操纵一切的发生——这时的你难道不是一台被操纵的机器吗？

III 人类的自主意识又是怎么回事？

看到这里，你也许又产生了一个想法，就是想法本身。我有意识会思考，甚至会去思考我们体内遗传信息的自私性，难道这也是基因操纵的？其实基因就是个分子，不会有任何想法，有想法的是生命。当然，想法的实质也是蛋白质组成的脑内上亿神经元之间的电脉冲。

如果我们完全被基因控制，意识为什么会出现呢？

我们来说说关于"控制"的两种分类。一种是强约束。类似人开车，车的所有动作均由人直接发出指令。但如果是NASA（美国国家航空航天局）的飞控中心控制在火星上的"机遇号"火星车呢？由于信息传递有光速上限，控制信号大约有8分钟延迟，人类的控制可能不足以应对突发情况，所以就需要"机遇号"有一定的自主决策能力。这就是第二种控制——弱约束。生命和基因的关系也一样，生命所处的外部环境瞬息万变，难道都要等到基因转录成蛋白质改变身体来应对？而且总不能由基因来告诉你"因为我要复制自己，所以在某时某刻和某个确定的房间和某人交配"吧？

所以，基因让生命拥有自主意识去决策，通过思考和测算去决定行为，同时会利用激素蛋白对你的意识进行引导：爱情是一件很美好的事情，你尽量想办法去试试。

不过，随着意识在生物竞争作用下的不断发展，控制力就变得越来越弱，发展到人这个程度颇有些反客为主的意思。先不说类似基因改造这种高端例子，五花八门的避孕措施就是反客为主的最直接体现。本来基因演化出交配时的快感，是为了让人们更积极地复制自己，可是人们却通过主观意识反抗了基因的控制，单纯享受快感。两次拿交配举例子是因为这是基因复制的最直接外在体现，当然基因稳定复制自己的意志，仍是当前社会价值观的主流，养家糊口的重任让你的兴趣爱好成为幼稚的代名词，而单身者总能随时感受到来自世界的恶意。

很多家庭成员也会对一个大龄单身的人横眉冷对，长辈会把问题上升到家庭政治任务的高度去教育他该干什么，因为父辈祖辈体内的基因在呐喊"快去把我的基因复制下去，这是你作为生命的全部意义"。

其实讨论生命与基因谁是主体并不重要，选择的角度不同，解读也不一样，只是我个人认为以基因为中心思考，能更好地解释生命的起源以及物种的演化。

说了这么多对生命的思考，你认为生命的意义是什么？难道生命真的是为了基因复制而存在的工具？你会甘愿吗？

我的想法就是，生命本来就没有任何意义，人生也没有它本来的意义或者目的，人类总是会不由自主地为自己的行为寻找目的，然后把目的升华为意义。

生命其实都是无意识的基因自然演化的结果，与其他风雨雷电等自然现象无异，人生没有意义，我们就只是存在而已，绝对没有什么生来就被赋予的使命。人生也不应该被划分成固定的阶段，然后当成任务一个个去完成，这种感觉就像是在被操纵。爱情也不应该是为繁衍需要而生，而应该是遇到有趣的灵魂，期待为自己的生活增添色彩。生命没有原本的意义，但作为一个具有主观意识的人类，我们可以为自己的生命确定意义。至于意义如何确定，并不是听那些一脉相承、从古至今的天经地义。没有什么天经地义，更没有什么神圣使命，要做的就是听取自己的声音，做自己想做的事，成为自己想成为的人，他人异样的眼光挡不住你对自己特有信念的追求，这绝对没什么错。

我早年会花费大量的时间与精力去涉猎自己感兴趣的书籍、影视，原因只为满足自己的好奇心，中学、大学、工作中一直是这样。这当然会被身边的人用异样的眼光去看待：看这些有什么用啊，怎么不去看一些职业发展的东西？一起来看电视综艺吧，这样合群些。我刚开始用知识做视频也一样，有人觉得我这是不务正业，浪费时间，耽误人生。而我的回应就是，我就是想做这些，这是我的生命。我明白什么是耽误和浪费，什么是积极进取，人生该由自己做主，被操控的人生没有任何色彩。

有什么想法就去实现，明确目标，方法灵活应变。当你勇敢迈出追逐梦想的那一步，失去的只是枷锁，换来的却是属于自己的整个世界。

人体这个部位，竟存活着2 000亿个细菌

2003年，科学家宣布人类基因组计划完成，英、美、法、德、日以及我国的科学家经过十几年的努力，耗资30多亿美元，完成了人体全部基因的测序。这项史诗级的工程与曼哈顿计划和阿波罗计划并列为世界三大科学计划，它搞明白了所有基因片段的作用和表达结果。可是随后科学家发现，人类基因组计划并不能解释所有人体的现象，甚至可以说只能解释小部分现象。

人体其实是一个复杂生态系统的认知，成年人体内的细胞数量大约为60万亿个，而躲在人体各个部位与人类形成稳定寄生或者共生关系的细菌却有1 000万亿个以上。同时，不只细菌，还有各种病毒以及各种形态奇异的寄生虫，依赖着我们的身体，与我们共同生活。直到现在，我们对它们的研究与认知还不足。所以，2007年作为人类基因组计划的延伸——人类微生物组计划诞

生，目标是测定与人体相关的所有微生物的基因表达原理。人类基因组计划是对人体细胞的2.5万个基因进行测序，而人类微生物组计划预计需要测序的基因将达到100万个，然后用生态学的视角进一步研究人体的所有现象。下面，我把人体口腔中的生态环境以及其中各种微生物的相互作用作为案例，将这个小而复杂的世界初步展现出来。

||| 细菌实际上是人类的好朋友

口腔是机体内环境与外环境直接联系的门户，受外环境影响最多也最直接。毕竟生命要与外环境做有选择的物质交换，口腔就是我们利用意识和本能做第一次物质选择的地方；第二次物质交换在肠道内，整个消化道都是相对于人体的外环境。而人类的口腔，其温度恒定在37℃左右，pH（酸碱度）在5~8，有利于绝大多数细菌的生长繁殖。同时，由于口腔中的环境相对复杂，褶皱形态各异，不同的部位氧化反应的难易程度有很大不同，所以各种需氧菌、厌氧菌及兼性厌氧菌，都可以在口腔中找到适合自己生长的地方。还有最重要的一点，人体所需的营养都是从口中进入的，进食过程中必然会有食物碎屑残留于口腔里，再加上口腔脱落的上皮细胞等组织，使口腔成为一个富含营养的地方，这就为细菌、真菌、病毒以及部分寄生虫提供了绝佳繁殖场所。口腔里常见的细菌就有600种，一个正常的清洁的口腔至少有2 000亿个细菌，如果不注意卫生的话，这个数量可以成百倍地增加。而人类卫生间里的细菌不足千万，那些我们自认为不太干净的地方，其实并不如我们的身体本身脏。

但是，话说回来，这么多细菌能在人体内生存，如果都在危害宿主健康的话，那么上亿年漫长的进化过程应该早已分出胜负：要么宿主赶跑细菌，要么细菌让宿主灭绝。但与此同时，细菌也就没有了生存场所，所以无处不在也同时需要宿主的细菌，必然也要和宿主进化出共生关系，宿主也会做出对应的改变。

一提起"微生物"这个名词，人们马上就会联想到病毒、细菌这些非常令人讨厌的东西。微生物等同于致病元凶，一直以来人们都是这样的印象，甚至包括科学界也长期如此。造成这种认知的原因很简单，人们关注微生物的时候，往往都是它们惹麻烦的时候。而当一切正常时，哪怕维持这种正常状态需要微生物的巨大贡献，人们也并不会太在意。可是现在越来越多的研究表明，过去这样的认知是谬误，实际上99%的细菌对人体都是无害的，口腔细菌亦是如此。

||| 口腔细菌是如何保护我们的？

我们常说"病从口入"，这个说法没有错误，病菌进入人体依然需要通过口腔。这时候口腔中的无害细菌就已经在口腔的各个位置附着、定植，这就让入侵口腔的有害细菌失去生长繁殖的土壤。同时新入侵的有害微生物由于刚进入人体，还没有繁殖出强大的种群，即使附着于口腔，也会因为争夺营养物质的能力较弱，它们的生长被原来的细菌抑制。同时，口腔原有细菌相互竞争与抑制也能防止某一种致病细菌壮大从而带来负面效果。比如，乳酸杆菌代谢过程中会分泌乳酸盐抑制白色念珠菌生长；白色念珠菌在一定规模下并不致病，同样能为人体起到生物屏障的作用。一旦这些细菌生长失控，就会改变生长形式，侵入细胞引起疾病。而且长期存在的细菌还能时刻调动并刺激口腔的免疫系统，毕竟有细菌的存在，巨噬细胞、T细胞、白细胞就时刻处于紧张状态。这些细菌监控着口腔以及整个消化道内的细菌的状态，发现致病性的病原体，细菌就能及时发现并杀灭。而且大多数与人体共生的细菌能够合成食物中没有的维生素提供给人体，还会编译出自身并不需要的蛋白消化酶，帮助宿主消化和吸收。人体也会产生特定的营养物质，如矿物质、氨基酸，通过唾液腺输入口腔，滋养口腔中的益生菌。

这样看来，人的口腔就像是一个有机的世界，是一个生态系统。只是对比地球的生态系统能量来源主要是阳光，口腔生态系统的能量来源就是人类的食物残渣以及人体产生的营养物质。所有口腔细菌之间都有复杂的相互作用，对于一个生态系统，维持生态稳定的方法不是有意识地清除或者滋养其中的成员，而是让成员之间发挥共生以及制衡作用，从而保证物质能量信息正常流动，整个系统就能保持健康运作。

口腔中龈沟、缝隙、牙周袋里的需氧菌对氧气的消耗促进了厌氧菌的生长；韦荣球菌利用牙菌斑上的细菌产生的有机酸作为生存物质，同时也缓解了口腔的酸性，防止其他细菌的酸性代谢物腐蚀牙齿，非耐酸细菌也就得以在牙齿表面生长。与此同时，原有细菌之间也会存在竞争与拮抗作用。在牙菌斑中有少部分细菌会产生不利于大部分细菌生存的代谢物质，抑制牙菌斑的生长，这在一定程度上也遏制了龋齿的发生。这时免疫系统也会通过检测口腔细菌的代谢量了解细菌生长情况，当检测到细菌生长过快时，唾液就会产生溶菌酶水解细菌，尤其是牙菌斑上细菌的细胞壁。口腔中的噬菌体类病毒同样在控制着细菌的规模。

||| 保持口腔清洁才能让细菌有效发挥作用

当然，口腔里的世界也十分脆弱，会产生各种口腔疾病，比如口腔溃疡、龋齿、牙周病，甚至口腔癌。这些疾病并不是因为口腔内有细菌存在而导致的，是因为口腔生态的平衡被破坏。以最常见的龋齿为例，当我们摄入过多的甜食还不注意清洁口腔时，大量的糖使得牙菌斑以及龈沟里的变形链球菌开始疯长，掠夺其他菌类的生长空间和养分。由于变形链球菌兼性厌氧菌的性质，它们可以在牙齿的缝隙中快速生长，消耗糖类的同时代谢产生酸性物质，腐蚀牙齿，长期积累就会造成牙齿内有空洞、坏死，引起疾病。但适量的变形链球菌同样是维持生态平衡的重要环节。

保持口腔清洁并不是要杀灭口腔中的细菌，而是清除口中过量的食物残渣，防止特定的细菌疯长造成生态失衡，维持口腔内生态平衡。所以维持这个生态平衡的手段并不是简单粗暴地杀菌，否则我们就不用刷牙了，每天用抗生素漱口就行。而且就算杀灭了所有口腔细菌，一次呼吸或者一次进食都会让细菌重新定植，不到一天时间细菌就能繁殖到原来的规模。

所以，口腔卫生是我们日常要注意的问题。由于进化的缺陷，人类的牙齿过于拥挤，形成了许多缝隙、死角，残留其中的特定过剩营养会导致局部生态失衡，蛀牙也就往往随即产生。

牙刷主要作用于牙齿表面，对那些藏匿在牙缝深处的牙菌斑和残渣，却能力有限；传统牙线又有一定的局限性，难以清除邻面凹陷处的菌斑，且操作复杂。这里说一下，牙菌斑虽然也是口腔生态的重要组成部分，但是其生长后期，由于缺氧区域增加，导致厌氧和兼性厌氧的细菌比例增大，产生的酸会增加，进一步破坏牙齿，所以人为剔除菌斑保持口腔清洁很重要。

人类与病毒谁能成为最后的赢家？

之前看到网络上很多关于用抗生素对付病毒的说法，其实抗生素对病毒没有任何效用。因为抗生素是用来水解细菌细胞壁的，让细菌的细胞膜自行涨破，而病毒根本不是细胞结构，甚至不算是生命。

||| 生命和病毒，有着相同起源

病毒是怎么诞生的？这要从生命的起源说起。

生命是DNA自我复制的工具，当然也包括RNA，我们把遗传物质统称为"核酸"。有些特定序列的核酸分子通过对应吸引氨基酸制造蛋白质，有些蛋白质可以保护自己或者促进自己的复制，甚至成为掠夺别的DNA核苷酸的工具。这个过程并非有自主意识的行为，仅仅是因为这样的分子在复制大战中能够存在下去。它们形成优势之后，逐渐占领环境并淘汰其他分子，随后复制不断升级，复杂的细胞结构出现，细胞就是一个高效稳定复制遗传信息的工厂。这个工厂通过生产蛋白质，制造各种有利于基因遗传复制的工具，这就是生命的起源，DNA不断复制错误造就了不同的细胞形态。

现在公认的生命形态至少是有细胞结构的，但是要形成这种细胞结构非常困难，需要结合上万个能有效表达成蛋白质的基因片段共同发挥作用。而这样的工厂，在最初阶段并没有很强的排他性，有些环境中游离的核酸分子同样可以进入细胞内部，借用这个工厂复制自己。这时，原始有机分子的复制方式就有了两个演进方向。

一个方向就是"艰苦创业"。自己积累有益变异，白手起家打造自己的复制工厂，也就是细胞。最初以单细胞为主，类似单细胞的细菌就是一个强大的工厂，自我完成新陈代谢和整体的复制繁衍，有着极强的生存能力和超快的复制速度。这样的遗传物质为了形成一个工业体系，会更加高效地复制生产自己，很多工厂组合成一个企业，一个个企业再形成产业集团。每个工厂开始做自己擅长的事情，表达一部分基因，各司其职保证这个集团的正常运作；而每个细胞内的遗传信息也就可以更稳定地遗传复制，实现所谓的繁衍，这就是多细胞生物。

包括我们人类的由来，不同的细胞通过截取DNA上构造蓝图的一部分，制造蛋白质发挥自己的作用。人体就是至少60万亿这样的工厂组成的系统，然后再和10倍于己的同样细胞形态的微生物合作，维持生命繁衍生息。

另一个方向就是走捷径——"傍大款"。有些游离于环境中的核酸分子一旦能够抵达细胞体内原有遗传物质所在的位置，就可以借助这个细胞工厂同样快速复制自己。区别于生命，这就是病毒的生存繁衍逻辑——核酸分子序列的自我复制。所以，成为生命并不是核酸分子唯一的选择，利用或争抢那些变成生命的工厂（细胞）来复制自己是更高效快捷的方法。病毒进入现有的细胞当中，抑制细胞中原有遗传信息的表达，然后利用细胞中所有的能量物质资源来复制自己的基因。

所以，亿万年来，生命所面临的竞争不仅来自生命与生命之间（类似细菌、真菌等微生物和大型生物）的竞争，还要与病毒等竞争，这一切都源于分子自我复制的无意识原始动机。

III 亿万年来，生命与病毒的螺旋竞赛

相较于细菌与人类等大型生物产生的共生关系，病毒在自然情况下确实没有提供对生命体的促进作用。因为病毒进入细胞后要复制自己，首先就要关停宿主基因的正常表达，这样也就严重干扰了宿主细胞的正常生命活动。病毒在细胞体内完成复制之后，就会瓦解、破坏宿主细胞从而传播出去。

如果非说病毒的有益性，相对于大型生物来说，部分病毒类似噬菌体对病原体细菌的攻击，可以控制病原体的数量。相对于

生命来说，病毒的结构其实非常简单，是由一个核酸分子被一个蛋白质外壳包裹，就像前面说的DNA与氨基酸结合形成的蛋白质。有些蛋白质成为DNA有效复制的工具，这个工具的复杂程度要比细胞小太多，以至于在游离状态时，病毒没有任何生命特征。只有在入侵细胞核之后，它的基因表达代谢繁殖活动才开始出现。

虽然病毒不能留下什么化石证据，但是从它如此简单的结构来看，当地球上第一批细胞生物出现以后，病毒的出现也就相当容易。因为生命需要进化出极其复杂的结构去适应瞬息万变的外在环境，维持生命需要不断地与外界进行物质交换，需要物质能量信息的不断流动，同时还要演化出复杂的繁殖机制。而病毒并不需要维持生命，因为它本身就没有生命，它的演化方向仅仅是根据现有的细胞结构，想办法突破细胞膜入侵到细胞内部就可以了。所以伴随地球生命的演化，病毒也一直萦绕其间，与生命一同进化。

生命不断分化、演化，种类越来越丰富，病毒也就跟着演化出不同种类。虽然其结构一直就是蛋白质外壳包裹DNA或者RNA，但是其蛋白质外壳却演化出了丰富的结构，针对性地入侵形状各异的细胞。比如，由于细菌没有细胞核，其遗传物质游离在细胞质当中，那么，噬菌体类病毒只需要将DNA注入细菌的细胞质当中就好，所以噬菌体才有人工智能一般的形状。张牙舞爪的尾刺可以将噬菌体直立固定在细菌表面，然后运用突刺刺穿细菌的细胞膜，把遗传物质注入细菌当中。细菌本身的生命活动就能复制和编译病毒的遗传物质，复制好的遗传物质一旦与蛋白质组装完成，就能瓦解细菌的细胞膜，让噬菌体类病毒开始扩散。

但是对于还有细胞核的真核细胞来说，病毒整体就需要突破细胞设置的层层关卡，最终进入储存遗传物质的细胞核，让遗传物质在那里复制。与此同时，病毒抑制宿主细胞的生命活动，并生产自己的蛋白质外壳。

||| 为什么病毒的"抗打击"能力这么强？

我们经历的新型冠状病毒属于RNA病毒，也就是其核心遗传物质是RNA。DNA与RNA的关系在这里再说一下：DNA是由脱氧核苷酸组成的稳定的双螺旋结构，而RNA只是一条单链，所以相较于DNA，RNA病毒的遗传物质会更加不稳定，容易被改变，在医学上的表现是容易变异。它的碱基序列很容易在环境中发生缺失或者易位。当变异多了，就有很大概率出现对于病毒本身有益的变异，这样的变异病毒逐渐扩大规模，造就整体的变异。

由于RNA病毒具有快速变异的性质，所以其对应的抗体以及药物的研制非常困难，药物或者抗体的原理是标记病毒特定的蛋白质或者其RNA上的碱基序列，让人体的免疫系统识别然后消灭。如果序列在不断变化，相应产生的蛋白质也在变化，那么先前研制的抗体会立即失效。

对病毒的诊断方法就是基于对病毒的基因测序，研制出对特定序列的诊断试剂。而病毒一旦呈规模变异，就需要重新测序生产检测试剂，相应的抗体也就更不会形成了。

我们再看正常细胞内，因为DNA在细胞核内，而蛋白质的装配车间在核外的细胞质当中，所以DNA通过碱基互补配对复制出对应信息的RNA分子穿过核膜来到细胞质中，用对应的信息在核糖体上集合氨基酸生产蛋白质。

记得我的生物老师说过，如果把细胞看作一个国家，那么DNA是皇帝，皇帝要生活在皇宫——细胞核内，所以传达到地方的指令只能通过钦差大臣——信使RNA来完成。

而RNA病毒显然是一个冒充钦差大臣、假传圣旨的外来侵略者。它是从细胞外部直接进入细胞的，在细胞的生产车间核糖体上生产自己并复制所需的蛋白酶和自己的蛋白质外壳。在它开始复制自己时，产生相应的抑制蛋白，抑制细胞内原有基因的表达，同时这个细胞的生命功能逐渐丧失。相较于DNA病毒需要过关斩将地进入细胞核内，这个RNA病毒显然高效很多。它通过这一个细胞生产的千百万个病毒，就可以裂解细胞膜，然后感染其他更多的细胞。

其实，生命体在进化过程中也产生了很多应对病毒的进化。首先，细胞膜上有很多识别蛋白，有利于身体的蛋白质大分子，启动细胞膜胞吞作用的机制让蛋白质进入细胞，异常的蛋白质禁止进入，游离的核酸分子长链更是细胞膜坚决防范的对象。我认为，生命进化出细胞核很大程度上就是为了给DNA病毒入侵增加难度，相当于增设关卡，降低病毒感染的概率。同样，对于RNA病毒，由于RNA复制的时候会出现RNA双链的状态，那么这就是一个醒目的标志，因为正常运转的细胞内不会出现RNA

双链结构，而细胞内有专门的蛋白质识别标记并水解双链RNA。

　　但是，病毒的快速变异让细胞的应对变得困难。当前，很多病毒的外壳蛋白已经与本来要进入细胞的蛋白质尽可能相似，以迷惑细胞表面的识别蛋白，让其进入。冠状病毒的冠状突触，就是和细胞表面识别蛋白结合的受体。比如，近年的新型冠状病毒更是在蛋白质外壳之外演化出了一层囊膜，其主要成分是糖类和脂类物质。要知道，细胞膜的主要成分就是磷脂，脂类物质可以相互融合，病毒就会很容易进入细胞。

　　同时，为了应对宿主细胞对双链RNA的识别和水解，病毒也演化出了融合细胞内质网的能力，可以在细胞内质网内形成囊泡进行自我复制。除此之外，病毒还具备可以和细胞内动能蛋白结合的受体，运用细胞内原有的交通系统到达最适合自己繁衍的地方，DNA病毒直冲细胞核，RNA病毒寻找附着核糖体的内质网。

　　显然，由于病毒的结构简单，以及单链RNA的相对不稳定性，其变异演化速度相较于生命要快得多。所以，人体自身的免疫系统已经越来越依赖外部药物来辅助治疗，而药物的出现同样加快了病毒的进化和变异。人类与病毒对抗的这场斗争会伴随人类的历史一直持续下去。

Ⅲ 人类会战胜病毒吗？

　　讲完了病毒感染的微观特性，我们再从稍微宏观一些的角度来看病毒感染。

首先，由于人类皮肤角质层的存在，在没有创口的情况下，病毒等微生物想要进入人体感染细胞，只能通过特定的通道：一个是消化道，另一个是呼吸道。由于胃酸会导致大部分蛋白质变性，所以呼吸道就成为病原体入侵的理想通道。

　　病毒进入肺部以后，就会和人体的免疫系统展开竞赛。当人体的第一个细胞被感染濒临死亡的时候，它会释放信号蛋白，告诉身体有病毒入侵。信号蛋白通过效应T细胞传到全身，然后调动白细胞到肺部，穿过血管来到肺泡处吞噬病毒。但是这个过程能否完全杀灭病毒取决于人体的免疫力，也就是免疫系统的反应速度和能调动的免疫细胞数量。因为只要有一个病毒入侵细胞成功，它就会利用细胞疯狂复制出成千上万个病毒，通过细胞裂解释放到人体，又继续感染其他肺部细胞。

　　病毒呈指数级别的感染速度，会对免疫系统提出挑战。如果是原来经常入侵人体的病毒，在细胞表面早已形成的抗体就可以在病毒入侵之初做标记，然后呼叫白细胞支援将其消灭。即使对于个体来说，可能第一次遇到某种病毒，但人类社会的力量可以通过医疗获得抗体。可如果是对于整个人类从未见过的新型病毒或变异病毒，细胞表面没有现成的抗体去标记，清除工作就会变得非常困难，这也是新的病原体的可怕之处。

　　人体本来还有更加粗暴的防止感染的方法，就是感染发生时，人体的呼吸道会分泌大量的黏液，阻止病毒在体内扩散，同时挤压肺部，制造剧烈的气体流动将粘住病毒的黏液喷出呼吸道，这就是咳嗽和打喷嚏。可是病毒也同样利用了人体的这一反应机制，进化出了在黏液、飞沫中较长生存的能力。对于病原体来说，人体的咳嗽和打喷嚏会给予它们强劲的动能在空气中飞速运动，这样就让到达下一个人呼吸道的可能性急剧增加。这就是人际传播机制。

有些感染者由于免疫系统比较特殊，当病毒感染保持在一定规模时，不再发展，形成较长的潜伏期。也就是说，病毒存在于体内，具有相当的规模但还不足以引起强烈症状，这时候人的活动能力没有受限，肺部保持气体交换，同时也在和外界交换着病毒，这样的感染者的传播性可能异常可怕——有成为超级传播者的可能。

人类因为拥有强大的社会组织能力，可以主动切断或者控制病毒在种群内的流动，也就是有意识地主动隔离，减少与潜在病原体接触，让病毒丧失传播途径。措施如果能够很好地执行，并且群众的配合程度高，在病毒快速发展阶段进行强有力的人为控制，疫情造成的影响将会减小，瘟疫会消失得更快。

病毒的发展我想大多数人已经清楚了，它们与人类的竞赛还会继续，并不会被彻底消灭或消失，而是在新的宿主里潜伏变异，时机成熟就会卷土重来。

人类和病毒、细菌等都是顽强的，物种间动态的相互制衡也许就是大自然的铁律，人与自然的动态平衡也是百万年来共同进化的结果。如果人类想成为所谓的主宰为所欲为，那么最终会招致可怕的后果。一味地索取而不用付出任何代价，只能是人类的一厢情愿。用科学的视角去对待自然，探索自然规律的同时根据生态平衡的法则去行事，才是唯一的生存法则。

保护你的免疫力，也有可能反杀你

新型冠状病毒肺炎患者从轻症变成重症、危重症的一个关键标志，就是病毒引起免疫系统过度反应导致的炎症因子风暴（也叫作细胞因子风暴），使机体的免疫细胞失去控制，大肆攻击正常人体细胞，损伤人体的心肺等重要器官，直至重要器官衰竭导致人体死亡。简单来说，就是我们的免疫系统为了杀灭病毒，连我们一起给整死了。

人体免疫系统的功能是为了抵御外来病原体的侵害，维持生命活动，炎症反应同样是机体与病原体战斗的标志。比如，埃博拉病毒感染的最后阶段，夺命的正是炎症因子风暴；禽流感和"非典"之类的病毒都能够触发免疫系统对身体的猛烈攻击。

要说明这一现象的原因，首先我们就需要大体了解一下人体免疫系统，看看我们身体里每天都在发生的大大小小的"战斗"，了解人类身体如何与自然在博弈中实现稳定，并对炎症因子风暴等极端情况建立认知。

III 生物博弈催生了人体复杂的免疫系统

根据薛定谔在《生命是什么》中的论述，世界由能量和物质组成。在宇宙创世大爆炸之后，所有粒子处于不断扩散的运动中，虽然宇宙物质和能量总体守恒，但是物质能量整体的转化和运动却是不可逆的，这种整体不可逆的运动就是——熵。

一般将熵定义为物质的混乱程度，但其实这是为了让人理解起来方便，我认为更准确的说法应该是：大爆炸之后物质向空间均匀充斥的程度。生命也是粒子的一种组合方式，但是由于世界整体的熵在增加，这种物质的组合方式同样是暂时性的，组合成生命的粒子必然也会自发地向所谓的无序运动。因此，生命之所以为生命，就是会主动加速周围环境的熵增①，从而维持自身的熵值不变。生命以负熵为主，所有生命活动都是为了维持自己稳定的状态，代谢、运动、物质交换，甚至主观意识的出现。可是生命的形态千千万万，生命的环境也是由大量的其他生命组成，要维持自己的状态，加速周围环境熵增的行为必然也包含对其他生

---

① 生命的意义就在于具有抵抗自身熵增的能力，即具有熵减的能力。在人体的生命化学活动中，自发和非自发过程同时存在，相互依存，因为熵增的必然性，生命体不断地由有序走回无序，最终不可逆地走向老化死亡。

命状态的破坏，增大其他生命体的熵。

为了抵御这种由其他生物带来的熵增，生命也就演化出了相应的应对机制，捕食和防止被捕食可以纳入这个概念。大自然各种动植物相互获取各自的有机物，就是维持自身的熵值不变，直至形成食物链和生态系统。宏观的动植物和微观的微生物之间的竞争更是激烈，大型动物的免疫系统就是为了维持自身的稳定，抵御不可控的微生物的侵害。

生物之间博弈了上亿年，多细胞生命体越来越复杂的同时，微生物也越来越多样化。人演化到这个程度，免疫系统已经相当复杂，主要分工大致为12种：生成信息分子、引起炎症、确定免疫方式、吞噬病原体、活化其他细胞、记忆病原体、免疫准备、生产抗体、标记病原体、攻击蠕虫、杀死被感染细胞、让病原体失活。有20多种细胞参与其中，每一种细胞在不同的情况下还会发挥几项不同的作用，运用更多种类的蛋白质和其他小分子去参与免疫活动。它们之间还有复杂的相互作用，运用各种信息分子相互沟通，互相协作。这样的免疫信息载体分子就是所谓的细胞因子。

||| 人体免疫系统是如何开展工作的?

人体的第一道防线，即人体的皮肤、消化道和呼吸道的黏膜，它们共同形成人体内环境的防护罩，机械阻隔有害微生物（或者说叫病原体）。而在体表和黏膜上生存的无害微生物和各种分泌物同样可以杀灭外来病原体，这道防线能阻挡绝大多数的有害微生物。

空气和环境中充斥着微生物，这也就是为什么在没有抗生素的时代，一个巴掌大的创口就能致命——即使只伤及皮肉，没有损害重要器官，也会因为巨量病原体微生物通过伤口进入内环境感染人体，导致免疫系统无法应对。

如果病原体成功突破皮肤黏膜的阻隔来到人体内环境，人体的第二道防线——非特异性免疫就会发挥作用。

病原体突破机械阻隔后首先会进入细胞间的组织液当中，开始感染部分细胞，首批感染死亡的细胞在死之前会释放相关因子于组织液当中。当这些因子遇到组织液中巡逻的巨噬细胞，巨噬细胞就会根据信息蛋白的浓度差向感染处移动，吞噬病原体，被吞掉的细菌或者病毒会被巨噬细胞内产生的蛋白酶溶解。

但是，巨噬细胞吞噬能力有上限，一个巨噬细胞最多能吞噬100个细菌或者同等体量的病毒。当病原体大量入侵而巨噬细胞无法应付时，巨噬细胞会产生相关的信息分子，告诉机体有病原体入侵，炎症反应就随之开始了。

巨噬细胞释放的信息分子会刺激附近的血管壁细胞，生成针对中性粒细胞的黏附蛋白，血管中流过此处的中性粒细胞黏附于此处。与此同时，血管壁细胞会收缩形成空隙，让血管里的液体和大量的中心粒细胞流出进入组织液中。这时候，中性粒细胞也会根据组织液中相关信息分子的浓度，也就是死亡细胞和巨噬细胞释放的细胞因子的浓度差，到达感染处。中性粒细胞一旦受到相应信息分子的刺激，就会进入狂暴状态，疯狂吞噬病毒细菌和被感染的细胞，同时释放强烈的毒素，除掉周围大量的健康细胞防止感染蔓延。这个过程类似草原灭火过程中除草建立隔离带，由于中性粒细胞的致命性，在被相关因子激活攻击状态之后基因命令它必须在5天内结束，防止它继续损害身体。

组织液会裹挟病原体经过人体的内循环进入淋巴管开始向全身扩散，不过淋巴液中的物质也要先经过淋巴结的审查。这时候，淋巴结里同样储存着大量的巨噬细胞，探测到异己物质的巨噬细胞开始在淋巴结与病原体展开会战，同样，此处的巨噬细胞也会释放细胞因子让中性粒细胞顺着细胞因子浓度差赶到此处。

由于大量的体液携带中性粒细胞到达感染组织以及淋巴结中，我们就会出现相关组织以及淋巴结的肿大，常见的扁桃体肿大也是同样的原因，这就是炎症反应最初也是最轻微的表现。如果病原体异常顽强，战斗持续时间长，身体就会产生更多的炎症因子，中枢神经一旦检测到体内炎症因子浓度达到一定的量级，下丘脑就会释放类似促性腺激素到全身，让整个身体产热过程加强，散热过程减弱，从而升高体温，让人体的温度不再适合病原体的生存与繁殖，这时就出现了发热症状。

当前一切的反应还是非特异性免疫，也就是不论病原体是什么都会出现的免疫反应。

III 免疫系统中的大杀器——抗体

如果这一切应对措施还没能杀灭病原体，那么特异性免疫系统就被启动了。身体不再沿用一贯的做法，而是开始研究敌人，研制合适的武器，制定相应的战术抗击病原体。大量巨噬细胞在达到极限吞噬量之后，会开始分泌活化血液中树突状细胞的细胞因子，循着浓度差赶来的树突状细胞开始收集病原体样本，逮住一个病原体将它在体内瓦解，然后将其表面蛋白质暴露在自己的细胞膜上，同时顺着人体的内循环开始向全身的淋巴结转移。淋巴系统中储藏着上亿个初始T细胞，T细胞在骨髓中被制造出来以后，会移动到胸腺内进行"训练"，让它表面附着不同的受体蛋白，而树突状细胞就带着病原体的表面特征蛋白在T细胞的兵营里寻找对应的T细胞。

如果某个T细胞表面的受体蛋白，恰好可以和病原体表面的特征蛋白结合，这个含有针对当前病原体特定识别蛋白的T细胞就会被瞬间激活，开始无止境地复制，分化出相应的杀伤T细胞、辅助T细胞和记忆T细胞。

杀伤T细胞被制造出来以后立即出动，根据炎症因子浓度差来到前线，通过自己表面的受体识别已经被感染或者正在被攻击的人体细胞，对这些细胞注入毒素让其死亡，让病原体细菌或者病毒丧失生存繁殖的土壤，制造更大的隔离带。

辅助T细胞也携带着相应的抗原结合受体游动到特定淋巴结皮质层，那里有兵工厂，B细胞正在待命。和T细胞一样，B细胞从骨髓中生出来以后，同样会在骨髓中被改造，带上不同的识别蛋白，T细胞也会寻找相应的能与自己表面识别蛋白结合的B细胞，一旦找到能够结合的B细胞，这个独特的B细胞就开始分化变成效应B细胞，根据自己表面的识别蛋白生产特异性免疫中最重要的武器——抗体。

B细胞生产抗体的速度同样近乎疯狂，在被T细胞激活以后生产抗体的工作就再也不会停下来，直到把自己累死在岗位上。

抗体的主要作用就是标记抗原，它是针对当前入侵的病原体的表面特征蛋白生产出来的，遇到病原体就会与其特征蛋白结合附着于病原体表面。而且抗体的分子形状一般呈现多结合点的结构，它就能将多个抗原结合在一起形成病毒或者细菌团。这就相当于一个粘鼠板将大量的细菌、病毒粘在一起，让它们聚沉失去活动能力。

还有一点，真正的免疫战场并不是泾渭分明的大战——战场上充斥着各种人体的其他细胞，如红细胞、血小板，还有大量对人体有益的益生菌。对于巨噬细胞和中性粒细胞来说，在这场混战中识别出有害分子并不容易，毕竟细胞没有眼睛，只有在接触识别后才能判断敌我，而抗体上同样有和杀伤细胞结合的点位，可以通过类似氢键作用直接将病原体向杀伤细胞吸附。抗体还能活化体液中海量的补体蛋白，这些蛋白同样也能根据抗体向有害于病原体的方向转变，形成链式反应，从而破坏病原体的活性，对病原体的清除效率就会成倍增加，这就是特异性免疫异常高效的原因。

在这期间，辅助T细胞会在战场和兵工厂督战鼓舞士气，如果免疫细胞因过度战斗或劳累而工作效率下降，T细胞就会释放信息让它继续全功率工作，直到它累死为止。这一程序一旦成功启动，开始产生大量抗体，体内的战争局势就会被彻底逆转，病原体就会逐渐被清除，炎症反应消失就代表战斗胜利。此时，分化出来的大量免疫细胞就会程序性地自杀，防止伤害身体和占用身体的资源。战斗中效应T细胞、B细胞会分化出相应的记忆细胞，留在淋巴结里，下次淋巴系统再次出现相同病原体时，就会省去抗原识别程序，在炎症反应出现之前直接大量分化并产生抗体。

这时候，有人就会产生一个问题：有些治不好的疾病是不是因为人体无法产生相应抗体？

虽然人类基因当中参与抗体生产的基因片段只有数百个，但是这数百个基因却能随机排列组合，这样表达结果就有10多亿——我们的免疫系统已经制造出十几亿不同种类的T细胞和B细胞来应对外来病原体的挑战，人类遇到的所有病原体几乎都能在免疫细胞库里找到相应抗体。只是，这一查找过程需要时间。

树突状细胞携带抗原要在上亿T细胞群里寻找合适的T细胞，而后辅助T细胞要在B细胞群里做同样的寻找工作。所以呢，抗体一定会产生，但需要耗费时间，这个时间也因为人体免疫力的差异而不同，比如树突细胞太少或者活性下降，能及时找到并激活对应T细胞的概率就会降低，耗费更长的时间。

||| 失控的炎症因子，催生人类探索自我救赎之路

如果特异性免疫不能及时被调动，非特异性免疫，也就是各

种吞噬细胞，不能杀灭病原体但又在持续战斗，在这期间就会不断释放炎症因子，机体也会用持续的炎症反应来对抗。可是从刚才的吞噬细胞定位感染的方式来看，免疫细胞大多是根据战场上的炎症因子的浓度差定位战场的。但是，如果炎症反应持续进行会有大量的炎症因子释放到人体的内环境中，经过几轮内循环，炎症因子的浓度梯度已经不再明显，同时机体也会因为持续性的战斗失利释放激素，让相关的免疫加速炎症因子的释放，集体调动所有免疫力量展开最后的攻击，直至形成所谓的炎症因子风暴！

如果特异性免疫的第一阶段完成，也就是效应T细胞得到激活，而第二阶段合适的B细胞迟迟不能找到，那么辅助T细胞会继续释放更多的刺激因子让巨噬细胞和中性粒细胞更加疯狂地工作，巨量的炎症因子会导致免疫细胞过度活化。这样的炎症因子因为人体体液循环遍布各大器官，此时已经失去指引战场位置的作用，导致中性粒细胞开始攻击所有炎症因子出现的地方，在各个脏器释放杀菌的毒素，破坏正常的细胞组织功能，导致重要器官衰竭，心肺功能以及肾脏会严重受损。

炎症因子会让血管壁细胞收缩，让血管内液和白细胞渗出血管到达感染处，而炎症因子风暴会让全身大面积的血管出现这种反应，导致血管内水分过度流失，血压过低，出现严重的缺血现象而休克。机体为了增大血压，心跳开始加快，心率可能长时间保持每分钟140次以上，持续性的超快心率能让心脏受损，然后导致病人心衰，心脏骤停。

所以据推测，新冠病毒造成危重症和死亡的直接原因不是病毒的感染损伤，而是人体非特异性免疫的过度疯狂反应。可以说，这些人就是被自己的免疫系统杀死的。

面对新型冠状病毒，各个医疗研发团队主攻方向已经不是针对病原体的绞杀，而是在研究阻断相关炎症因子在免疫细胞间传递的方法，抑制人体过度的免疫反应。虽然人体有缺陷，但是我们依然可以运用知识去填补，通过学习和研究来给自身寻找救赎之路，这也就是基因创造意识的原因。我们的身体不是什么万物之灵，炎症因子风暴就相当于是人体的一个漏洞、故障，过度免疫一直是人类生存的一大问题，过敏反应就是免疫系统识别病原体的功能出现问题，造成人体损伤。艾滋病毒还可以直接感染特异性免疫细胞，让免疫系统失效。

生存从来就不是一件容易的事情。世界的熵在持续增大，生命维持低熵体状态也必然不会持久，因为熵增这一永恒不可逆的客观现实的存在，可以说没有任何一种生命可以高枕无忧。但是，生命的斗争依然会继续，学习知识认清我们的环境，提高认知。即使一切的终点是宇宙熵值最大的热寂状态，我们依然可以让这个过程尽量精彩。

它是一级致癌物，却与人类相爱相杀？

组成人体的并不只有人体本身，还有微生物，尤其是细菌。人体内细菌的数量可能是体细胞数量的10倍，而身体又蕴藏着好几个相互关联的生态系统。这篇文章要讲的是一个典型的菌种——幽门螺杆菌，科学界对它的研究有着跌宕起伏的故事。我们从中不仅能体会到科学研究的精神，还能从人类对这个细菌在认知上犯的错误以及造成的后果，了解到身体里生态平衡的重要性，深刻地感受到，生态平衡并非只是个简单的口号。

||| 为什么肺炎比肠道炎更容易传播？

大家有没有思考过一个问题？疫情发生的时候号召我们减少

出行，但对吃什么食物却没有大的限制。

尽管后来在部分水产品上发现了病毒，可是似乎也没有一个病例是吃出来的问题。细菌、病毒在食物上必然存在，患者的飞沫也会出现在流通的食物上，但起作用会感染的只有吸入肺部的病毒，我们的肠道为什么没啥事？

当然，新冠病毒的特性使它更容易感染肺部细胞。但是其他细菌、病毒呢？

按理说，我们吃下去的细菌、病毒肯定比从空气中吸入的多得多，可从日常见闻来说，肺部、咽喉组成的呼吸道却比肠胃组成的消化道更容易被细菌病毒感染。即使现有的肠道感染，多数也是因为公厕卫生问题导致的粪口传播引起的，进食饮水导致的传染性的细菌、病毒感染相对而言很少。

除了霍乱，几乎没听说过肠胃炎大流行的情况，这是为什么呢？原因就在于我们胃里有最强大的生物屏障——胃酸。

成年人的胃里产生的胃酸主要由盐酸（HCl）构成，pH在 $1.5 \sim 3.5$，和现在电动汽车磷酸铁锂电池的酸度相当。大部分病原体的蛋白质都会被胃酸分解为肽，蛋白质被瓦解了，细菌、病毒当然就被杀灭了，它们的"尸体"进入小肠继续被分解成氨基酸被人体吸收。当看到、闻到、吃到甚至想到食物时，神经中枢会使胃酸分泌增加，而胃部下端的十二指肠会分泌碳酸氢钠（$NaHCO_3$）中和胃酸，防止胃酸流入肠道破坏肠壁，杀灭肠道菌群。"吃出来的病"多数是因为不健康饮食或者吃了化学毒素造成的，细菌、病毒的感染在消化道不常见，霍乱的肆虐也和胃酸不足有关。

科学家在18世纪前后经历了许多争论和实验，对胃酸的研究逐渐成熟。由于胃酸，胃被认为是人体内的地狱，几乎所有有机物都会被胃酸溶解，如果胃壁破损胃液流出，就会严重损害人体的所有器官。当人体多部位发现细菌后，医学界认为，胃是一个绝对无菌的环境，没有细菌可以在胃里生存。

但这里存在两个问题：

第一，既然胃液如此可怕，胃同样是有机物构成的，那么，胃液为什么没有把胃消化了？这也是初期科学家质疑胃酸存在的原因之一。

第二，既然胃酸能杀死一切进入胃里的微生物，那么，胃炎、胃溃疡等疾病是什么引发的？要知道，古代人一直被胃溃疡折磨，它引发的胃出血、胃穿孔等胃部疾病能直接致人死亡。

首先，胃液为什么没有把胃消化掉，这个问题在解剖学发展后很快得以解决：人的新陈代谢需要与外环境做物质交换，而整个消化道，从口腔到肛门，从医学和生物学角度来看都是外环境。我们的食管、胃、十二指肠、小肠、大肠、肛管都相当于直接暴露在外环境里，为了抵御外环境的直接损伤，整个消化道被一层黏膜包裹——这是消化道细胞分泌的一层脂蛋白，滑腻但严密，将消化道细胞与外环境隔开。

胃部的黏膜尤为厚实、复杂，约1毫米厚，对酸有完全的隔绝作用。我们的胃没有被胃液消化，是这层胃黏膜的功劳。

对黏膜有清晰的认识之后，第二个问题在当时的学界看来似乎也有了方向，为什么会有各种胃病，可能是因为这层黏膜不够稳定。

也许它会受到一些其他因素的影响导致缺损，胃液接触到胃壁细胞并致其破损引发胃炎，接下来导致胃溃疡以及一系列问题。如此看来，胃部疾病的罪魁祸首是胃酸，这也和古代人喝碱性牛奶可以缓解症状相一致。但这些只能算是猜测，因为没有任何通过抑制胃酸彻底治愈严重胃病的案例。

真正解答第二个问题，科学界几乎用了上百年的时间。

III 漫长的误解——胃部无菌论

19世纪后半叶，西方科学家刚开始用显微镜对比观察正常人与病人组织细胞的时候，也是病理医学的开始。科学家对胃部的观察也开始了，有记载的1875年、1893年、1899年均有科学家在动物以及人类尸体的胃部标本里发现了长条状的细菌，但是因为无法在体外成功分离培养这种细菌，所以这些发现均被忽略了。因为"尸体标本可能被污染，活人胃里不可能有细菌"是医学界和生物界的共识。

20世纪上半叶，经历了两次世界大战，微生物学得到重视，发展迅速。越来越多的学者都在胃部标本上隐约发现了细菌，舆论由此产生：胃部竟然有这样能耐住强酸的"幽灵"。科学求证的严谨精神在那时已经深入人心，仅仅将标本从活体中取出的过程可能就已经沾染上空气中的细菌，因为这个问题导致的错误报告已经层出不穷。还有，这种细菌被发现的时候都是死的，分离培养从来没有成功过，也就无法进行进一步的研究，所以胃部细菌的发现每次都被主流科学认为是无稽之谈，随后被忽略、被遗忘，以至于教科书还是坚定地写着"胃部是无菌环境"。

转折点出现在胃部成分的研究中。

1924年，剑桥大学的学者发现胃液中的氨浓度居然比动脉中的高出50～100倍。这个问题过于明显，于是科学家们开始寻找胃部产生氨的原因。初中化学中就学过，氨（NH_3）极易溶于水，然后与水（H_2O）电离生产铵离子（NH_4）和氢氧根离子（OH）就能中和胃液中的盐酸（HCl），使酸性减弱。这在当时医学的认知里，减弱胃酸是治疗胃部疾病的方法，那么这就有了研究价值。很快，科学家们在把胃部标本磨成粉进行检测之后，在靠近胃部下端的幽门处检测出了尿素酶。尿素（CH_4N_2O）是身体代谢产生的废物，尿素酶可以将尿素分解成氨（NH_3）和二氧化碳（CO_2）。有了这样的知识之后，科学家们也通过增加尿素摄入量的方式让胃里产生更多的氨来中和胃酸，治疗胃病，患者的症状确实有明显好转。因此，尿素和尿素酶被认为是人类自主调节胃酸的系统，激活这一系统就能治疗胃病。

但是新的问题又来了，胃里的尿素酶是怎么来的？

当时，人们没有发现任何腺体能分泌尿素酶，胃壁细胞也不具备这种功能，人体的其他地方也不该有这种东西，因为氨进入人体的内部环境就是毒气。再加上，症状减轻的患者很快病情复发且更严重。对此有人又提出了胃部细菌的假说。

各种胃病一直是人类无法根治的难缠的慢性病，这一质疑的出现意味着之前的理论多少是有问题的，这个问题引领之后的科学家们继续钻研。

为什么一定要分离培养细菌进行研究才可以呢？观察到胃里有细菌还不行吗？

在微生物被发现以后，科学家们也逐渐发现了微生物与许多疾病的关系。这个关系很微妙。因为微生物的种类太多，在一个被感染的患者或植物、牲畜体内有多种微生物，谁也说不清楚造成疾病的是什么，建立因果关系需要严谨的证据。只因为患者发病部位发现某种细菌，就推断与患者的疾病有关，这当然不对。得提供证伪的方法，然后验证。

因此，1882年，德国医生、细菌学的奠基人之一罗伯特·科赫，在发现并证明结核杆菌与肺结核病的关系之后，提出了一套证明细菌与疾病有关的标准：

1.病体患病部位经常可以找到大量的病原体，而在健康活体中这些病原体很少或者找不到；

2.病原菌可被分离并在培养基中进行培养生长，形成菌斑，并能记录各项生命特征，这样就能证明这是一种细菌，而不是什么毒素杂质；

3.纯粹培养的病原菌要被接种至与病体相同品种的健康受体内，受体产生与病体相同的病症；

4.从接种的病体上以相同的分离方法应还能再分离出病原体，且其特征与原病株完全相同。

当然，人体疾病肯定不能找健康的人做受体，一般实验是用动物代替，所以以现在的眼光看，科赫法有一定的局限性。但在19世纪至20世纪初，这套标准被视为金科玉律，研究致病细菌时必须遵循。

我们现在知道，科学家们要找的其实是幽门螺杆菌。这种菌是微需氧菌，对氧气的浓度要求很苛刻，在胃黏膜之外的普通培养基上难以存活。于是，整个胃病研究领域就被这一个法则严重阻碍。保守派坚持"胃酸平衡学说"，相关的医药公司也开发针对胃酸的缓解胃病的药物，用这一不能根治的疾病不断获取巨大利润。

III 一位年轻医生的"挑衅"

直到1984年，巴里·马歇尔用几乎自残的实验短时间改变了所有人的认知。

巴里·马歇尔出生在澳大利亚一个偏僻的小城里，在医生职业生涯之初就展现了奇怪的癖好——经常用自己做实验。他后来又提到一次早期的研究经历：他在写关于中暑的调查报告时，为了更直接测试人体内在运动时的温度，专门设计了一个体温计。当他告诉大家这个体温计是要塞进直肠里测温的时候，所有受试者都表示拒绝。于是他拉上和他关系好的同事，成为体温计的头两个使用者。他们在医院的楼梯间跑上跑下一下午，让自己和同事不幸中暑，取出体温计得到体温数值为40℃，以此完成了报告。这个实验和数据后来被用到马拉松运动员晕倒后的测温治疗当中。

1981年，他作为当地医院的实习医生被调到消化内科轮值，本是当作例行公事的轮值，领班医生罗宾·沃伦的一个课题却吸引了他的注意力。当时，胃镜活检技术刚刚出现，罗宾·沃伦在活体胃黏膜组织上发现了细菌，并用最新的染色方法看清了这是一种弯曲的螺旋状细菌。得知沃伦的发现，马歇尔感觉到这直接挑战了当时的权威——胃部无菌论。

大多数消化科医生都以此为理论基础参与到相关药物的研发当中，对胃部细菌的研究主观上都是排斥的；而罗宾·沃伦医生是典型的理工男，会质疑、会研究，但不会表达，导致医院的同事没人与他合作。马歇尔作为一个初出茅庐、没有利益牵扯的非消化科医生对此发现很兴奋，于是两人都想搞个大新闻冲破旧认知，便开始了合作。

他们在很多胃病患者的胃黏膜处发现了这种细菌，甚至在紧邻胃部的十二指肠里也找到了。紧接着，马歇尔在相关文献中看到，有医生在用抗生素治疗肺部细菌感染时，同一患者的胃炎居然也被根治的特例。鉴于当时人们对细菌的偏见，马歇尔很想尝试证明胃部疾病甚至十二指肠溃疡等疾病与这种弯曲的螺旋状细菌有关。但是，科赫立下的标准立刻横在了他们面前。要知道，幽门螺杆菌微需氧的性质是后来才知道的，高中生物天天背的牛肉膏蛋白胨琼脂培养基根本养不活它。

从1981年8月到1982年3月，马歇尔一直在各种培养基上尝试培养这种细菌，却没有成功。之前的科学家都在这一阶段放弃了，马歇尔却继续在坚持。

是因为这个年轻人有耐心，其他人没恒心吗？

其实，说句实在话，马歇尔当时作为轮值的实习医生本来就没多少工作，没有其他想做的事情，但总得做点啥，而之前那些繁忙的主治医师当然不会有这个闲心去等。

不过，也有一件事让马歇尔坚定了信心。在培养细菌的同时，轮值的部门迎来了一位愿意尝试抗生素治疗的胃炎患者。如果马歇尔用还未验证的结论作为治疗依据，有违医学伦理，不会得到批准，但他就这么做了。结果，这位被慢性腹痛困扰多年的患者在两周后彻底痊愈了。

虽然不能直接证明二者的关系，但是这个结果绝对给马歇尔带来了强大动力去坚持培养细菌的工作。

1982年4月13日，幽门螺杆菌被马歇尔成功分离，培养成功。

要说也完全是马歇尔运气好。4月8日，他对一例十二指肠溃疡患者取样之后把黏膜样片经过生理盐水处理，放入已经试验过几次的脑心浸液血培养基里，然后交给培养员放入孵化箱里，经48小时培养后没有长出菌斑的培养基就会被倒掉。但是不同的是，第二天是复活节，节假日病人多，医院人手不够，实验室值班员把这事给忘了，这个培养皿在孵化箱里培养了整整5天，当它终于被值班员想起来要被处理的时候，上面真的长出了菌斑！

马歇尔观察后发现，这就是他们要找的细菌！

培养条件和培养时间就这么巧合地被试出来了，在那之后，马歇尔和沃伦从100多例不同胃病患者的胃黏膜里都提取并成功培养出了螺旋状细菌，同时用健康的胃黏膜样本作为对照组，通过大量的单盲试验证明了胃炎、胃溃疡、十二指肠溃疡都与这一单一细菌相关。

随后，更多的研究资源开始向这两人倾斜，澳大利亚皇家医院的电子显微镜第一次呈现了幽门螺杆菌的样貌，整体呈现杆状，明显的螺旋结构，还有很多辅助运动的鞭毛。

马歇尔认为正是这种特殊的螺旋状形态和鞭毛辅助产生的动力，让它可以像螺丝一样钻进胃黏膜感染胃壁细胞，而且在新培养的培养基上也检测到了相当浓度的尿素酶。

可见，幽门螺杆菌就是通过合成尿素酶产生氨来中和身体周围的强酸，从而可以在胃部强酸环境里生存，与胃下端幽门连接的十二指肠会产生碳酸氢钠（$NaHCO_3$）中和胃酸，所以胃的底部酸性偏弱，细菌在这里也最多，幽门螺杆菌因此得名。

整理了充足的数据、病例、实验结果之后，马歇尔信心满满地在市医师协会上做了初步报告，阐述了幽门螺杆菌与胃炎、十二指肠溃疡和胃溃疡的关系。他本以为自己要引起学界轰动，但是得到的反馈却是不屑、质疑，总体上都是负面的。

于是，他去竞聘了大医院消化研究医师的职位。1982年10月，马歇尔撰写了自己的论文，经历了相当大的阻力之后，论文终于在《柳叶刀》上发表了。

然而，论文发表之后，他也没有得到多少关注。而接下来，他在肠胃病学的专项期刊以及论文平台上的投稿均遭拒绝，与大型医药公司的合作同样被拒绝。

这让他百思不得其解：为什么大家如此排斥这项研究？得到的评论也有明显的偏见，即使自己用可以杀菌的铋剂治疗了一些实验用动物甚至部分人的胃病之后，自认为明显改善的症状也被专家评价为不明显，无法证明相关性。马歇尔惊呼，肠胃病学到底是一门科学还是宗教？

||| 胃里隐匿的"杀手"终于被发现

其实原因也能想出来，一个完全颠覆先前医疗方向的结论，会触动已经建立好的医疗体系和商业规则，马歇尔的研究自然会被选择性忽视。

既然如此，马歇尔就要造出一些大动静来撼动这个行业。他决定独立将科赫法则的第三、第四条做完，而且不再用动物，直接用人。如果没有自愿的受试者，那就自己上。

马歇尔在仔细检查了自己没有感染幽门螺杆菌之后，将一名已治愈患者患病时取样培养的幽门螺杆菌找了出来，直接连细菌带培养基一起喝了下去，以身试菌。这当然是莽撞的行为，但专门找已治愈患者的菌株也能体现出他的谨慎。

喝下细菌后的第7天，马歇尔开始呕吐，连续呕吐3天，同时检查发现呕吐物里几乎不含胃酸。第10天，马歇尔顶着疲惫、恶心做了第二次胃镜检查，胃里已经有明显的炎症反应。第13天，在从他胃里取出的黏膜样品上培养出了幽门螺杆菌菌落，胃镜检查报告同时出来：各种免疫细胞在胃壁上增加，胃壁细胞有被感染的现象，白细胞也正在炎症部位攻击病原体，同时炎症部位有大量螺旋状细菌。这就是胃炎。

生病的马歇尔虽然精神不振，但心里非常高兴。他的妻子也因此得知了他喝细菌的事，非常生气。他糊弄妻子说，大部分专家都说这不是致病细菌，可刚说一半又开始吐了。妻子在忍受了他几个晚上呕吐，以及下水道一样的口臭之后终于忍无可忍，拉着他到医院接受抗生素治疗，否则就要把他赶出家门去睡大街。

治疗一天后，症状明显减弱，马歇尔又做了一次胃镜，本想多采集些细菌样本，但是他胃里的幽门螺杆菌已经很难找到了，无法培养。不过这场持续14天的自吞细菌实验还是圆满成功了。科赫法则第三、第四条都被验证，这一过程也都被医院完全记录下来。

几个月后，新的论文发表，这个法则拥有铁证，无可辩驳。

随着整个医学界对幽门螺杆菌的进一步研究，尤其是发现它和胃癌的直接关系后，马歇尔和沃伦的工作被赋予了更大的价值——2005年，他们获得了诺贝尔生理学或医学奖。

故事里似乎有一些"坏人"，比如那些一开始忽视研究、打压马歇尔论文的人。但实际上并没有什么坏人，马歇尔在后来的回忆当中说，30岁出头的他当时确实有些义愤填膺，但是新的医学观点从被初次发现到被广泛接受本来就是一个漫长的过程。而他们的发现让世界肠胃病理学10年里发生了彻底的改变，已经非常快了。仅仅靠初步的实验就让人们转变根深蒂固的认识也不现实，所以最开始没人相信他，这也无可厚非。科学的严谨态度是绝对值得推崇的，正是这样严格的验证过程才能体现出研究成果的可信。

这样的成果给人们带来了什么？是胃部疾病治愈率的大幅

提升。

找准了胃里这个致病的"恶魔"，人类似乎又战胜了一个古老而又难缠的敌人。但是，新的问题又出现了。

胃炎，有文明记载以来就存在——经过遗传学家、微生物学家和古生物学家的研究，幽门螺杆菌在人体内至少存在了10万年。而且，10万年是能测定的极限罢了，根据它在其他生物胃里定植的情况，可能20万年前智人刚出现时，它就伴随人类了。根据演化原理，幽门螺杆菌早就应该失去致病性，或者早就被同样在演化的人类免疫系统清除掉了，但它一直存在且在持续、独立导致严重疾病，人类的身体似乎一直在纵容它，这是怎么回事？

而现在新的认知已经形成，就是一旦检测出幽门螺杆菌就立刻用抗生素除掉，这样做真的没有不良后果吗？

||| 用抗生素将细菌赶尽杀绝，就能治愈胃病吗？

幽门螺杆菌之所以要在身体里最严酷、最危险的地方生存，就是因为胃酸造就的强酸环境能清除所有竞争者，它生存在营养最先到达的地方，同时也从胃壁细胞上汲取营养，也就是感染胃壁。

但是，如果说这种细菌在几万年的演化中学会了用尿素酶产生氨抵御胃酸，那么人类身体里同样可以演化出生产尿素酶的白细胞，在胃里"纵横驰骋"，斩杀吞噬这些细菌。

基因突变可以产生这样的身体性状。在幽门螺杆菌这样的条件筛选下，拥有这种白细胞的人会更加健康，逐渐获得种群内的生存优势，获得更多的后代。人类的演化发生，幽门螺杆菌也就不能在人类的胃里肆意妄为了。然而，这并没有发生。幽门螺杆菌经演化适应人体胃部环境之后，就一直舒舒服服地寄生在胃部争夺营养，时不时入侵胃壁细胞造成剧痛和疾病。我们身体早就合成了针对它的抗体，但因为它几乎生长在人体的外环境里，还有外围胃酸的保护，抗体和免疫细胞也无法有效作用，所以演化论是错的，这是什么"惩罚"吗？

在临床方面，抗生素被大量投入胃病的治疗中。人们知道这是细菌，用抗生素就能杀死它，而且非常有效，反正对患者无害。即使越来越多的研究显示，正常人的胃里也会有幽门螺杆菌，只是发病与否的问题。

就这样，胃炎、胃溃疡的发病率首先在发达国家开始逐步下降，治疗方法进一步普及之后，发展中国家的发病率也开始下降。随着这种细菌逐渐被更多的人认识到，生物演化方面的很多问题也受到了学者的关注。

在马歇尔和沃伦公布了研究成果之后，免疫学与微生物学的先驱马丁·布莱泽，以微生物学家和病理学家的视角提出了自己的问题。经过研究发现，幽门螺旋杆菌在人类的幼年期就定植在了人的胃里，但由它引起的胃炎、胃溃疡却主要在30岁以后，50岁是发病高峰，之后开始下降——也就是在人年轻的时候，它几乎不会攻击胃壁细胞。

此外，布莱泽用新的胃镜检查技术发现，其实大多数人体内都有幽门螺杆菌。这样看来，幽门螺杆菌不足以成为引起胃部疾病的致病菌。为什么大半携带者没有症状？带着这些疑问，结合演化角度去思考，布莱泽加入了马歇尔研究幽门螺杆菌的团队。

1987年，他们合作研发出了可以根据血清中针对幽门螺杆菌产生的抗体来检测是否携带幽门螺杆菌的试剂盒。因为这种细菌难以被免疫系统杀灭，所以其实人体内一直存在这种抗体。

通过自己研发的试剂盒，布莱泽发现自己也是携带者，但没有任何症状，可是抗体的存在证明从小到大自己胃里的战斗一直在发生。

为了方便日后的研究，布莱泽连续做了17次胃镜活检，每一次取样本都疼痛难忍。他为了研究硬是咬牙坚持了下来，但让他绝望的是——17次的试验，没有一次培养出幽门螺杆菌。

后来，布莱泽又产生了一个想法：在人的肠道内的大肠杆菌，几乎所有人都是携带者，它对人体无害，但是极少数的大肠杆菌能编码产生毒性蛋白使人生病，幽门螺杆菌会不会也是这样？

20世纪八九十年代，基因技术和计算机技术已经有了长足发展，他们很快就构建了这个细菌的基因文库。我们在初中就学过，大肠杆菌可以用来表达任意进入它体内的基因片段生产蛋白质，这项技术在20世纪80年代末已经成熟。于是，布莱泽就将幽门螺杆菌的基因逐个表达，果然找到两种能编码毒性蛋白的基因片段，分别被命名为cag A和vca A。cag A被注入胃壁上皮细胞后可以让胃壁细胞不再紧密连接，而vca A又名穿孔蛋白，可以在已经被cag A作用后松散的上皮细胞上凿出空隙方便幽门螺杆菌附着并吸收细胞的养分——溃疡就是这么形成的。

而接下来的研究说明一个更可怕的事实：这两种蛋白质都有破坏胃壁细胞DNA的能力，可以让胃壁细胞快速增殖，布莱泽立刻意识到了另一个隐藏问题——胃癌。

||| 幽门螺杆菌到底是敌是友？

20世纪60年代，夏威夷开展了一项关于癌症的长期研究计划，叫《檀香山心脏研究计划》，有7 400名日裔美军参与其中，从他们身上采集的6 000份血液样本保存至今。当时，他们都是健康男性。到了1989年，这些人中有137人患了胃癌，这就成了非常优质的研究样本，可以用新研究出来的检测试剂盒检测当年谁是幽门螺杆菌的携带者，从而研究早年感染幽门螺杆菌与老年患胃癌的关系。

这个计划确定后，马丁·布莱泽立刻取得了研究许可。实验结果非常明显：携带幽门螺杆菌的人比没携带的患胃癌的概率高6倍，在携带幽门螺杆菌的人群中，有cag A蛋白的人患癌概率比其他人高2倍。这个证据就显然说明了幽门螺杆菌与胃癌的相关性，就像吸烟导致肺癌一样。

胃癌是当时致死率排名第二的癌症，仅次于肺癌。他们本来是想找出幽门螺杆菌在人体内的共生因素，这下直接研究出来它是个超级致癌物，那它似乎更不应该在人类身体里长期存在了。

1994年世界卫生组织把幽门螺杆菌列为一级致癌物，与甲醛、芥子气、中子辐射相当。

这就让人将幽门螺杆菌视作人类最可怕且狡猾的敌人之一，因此，布莱泽吃了10天的抗生素根除了幽门螺杆菌。

从胃炎、胃溃疡、十二指肠溃疡再到胃癌，医生们开始在所有患者体内检测这种细菌，一旦发现立刻用抗生素杀灭。

这也让马丁·布莱泽开始产生更大疑问：如此严重的致病细菌为什么能在20世纪细菌学大发展的时候躲过人类的搜查？

在后来的研究里他才明白，19世纪几乎所有人胃里都能发现这种细菌，很难认为人人都有的细菌会是病原体。部分研究机构即使在显微镜里找到了它，但在对比观察多人的样本后，也会认为它无关紧要；即使写过报告，也被淹没在海量的文献里。一直到20世纪70年代，由于抗生素的大量使用，澳大利亚只有一半人是这种细菌的携带者，正是因为有人不是携带者，沃伦和马歇尔才有机会做对照实验并发现这种微生物。

从另一个角度来说，在人类发现幽门螺杆菌之前，它已经走上了逐渐消亡的道路了。布莱泽最新的统计显示，美国的"95后"携带幽门螺杆菌的孩子不到6%，其他国家情况类似。而且，幽门螺杆菌在发达国家比在发展中国家消失得快。现代化生活造就的卫生环境以及抗生素的大量使用，让这种细菌的生长和传播越来越困难，毕竟孩子一嗓子疼、咳嗽，可能就要用一次抗生素，而每一次使用抗生素都可以清除人体内20%~50%的细菌，无论是益生菌还是病原体。

根据这个思路，马丁·布莱泽又开始想这种细菌是如何在人与人之间传播的。幽门螺杆菌既然能进入十二指肠，也就有机会进入直肠，然后从粪便中排出人体。接下来就是不卫生的环境、粪便污染食物和水源造成细菌传播。这和霍乱的传播方式一样，只是传染后没有霍乱的症状严重，所以在卫生条件好的地方传染途径会被阻断。布莱泽通过测试发现，幽门螺杆菌会随着打嗝或者胃反流涌到口腔，滞留在牙菌斑上，这就很容易通过唾液飞沫传播给别人。当幽门螺杆菌携带者呕吐、泛酸水时，它也会被带出来随着空气传播数米远，遍布环境，总有各种机会进入下一个人的胃。

　　既然这种细菌向下进入十二指肠能引起溃疡，那么向上反流是否也引起了食管的疾病呢？比如胃灼热，也就是泛酸水、烧心。一般在晚上吃多了撑着的时候，会突然感觉胸腔灼烧难忍，大多是偶发现象，但也有些会发展成慢性病。

　　根据马丁·布莱泽统计，在美国有 1 500 万人长期有烧心的症状，这已成为疾病。食管底部连接胃的贲门处有一层括约肌，当食物要进入胃的时候会这样，括约肌将贲门打开，食物进入，然后括约肌会立刻关闭贲门，防止胃酸和食物反冲到食管。但如果它关不紧，人就会感到胃酸腐蚀食管带来的灼痛感。这种现象一旦成为慢性病，继续恶化就会造成巴雷特食管，甚至是肺腺癌。如果证实幽门螺杆菌也是这些疾病的诱因，它的"罪名"就更大了。

　　而马丁·布莱泽之所以想研究这个疾病，是因为他知道自己是幽门螺杆菌的携带者，虽然没有肠胃症状，但近几次胃灼热却让他警觉起来，因为之前接受的抗生素治疗也不能保证彻底除尽它们。于是，他找来众多胃灼热患者和健康人进行单盲实验。

实验结果表明，食管反流疾病确实和幽门螺杆菌相关，但是谁也没想到，是负相关！也就是携带幽门螺杆菌的患者患胃灼热的概率更小，未携带幽门螺杆菌的人患病概率是携带者的8倍！同样是消化道疾病，胃疼和食管疼，为什么一个是正相关，一个是负相关呢？进一步的研究显示，cag A毒蛋白与胃灼热疾病的负相关性更大！

也就是说，这个能引起胃癌的细菌实际上在保护我们的食管！

马丁·布莱泽突然发现了研究方向来解答自己之前的疑问。他开始仔细研究"胃灼热"的病史。他发现，这种疾病在美国从1930年开始增长；更严重的巴雷特食管从1950年开始增长；肺腺癌从1970年开始增长。胃灼热可以对应幽门螺杆菌的逐渐消失，原因就是城市化过程中卫生条件的改善以及抗生素的使用。

布莱泽突然醒悟，可能就是因为自己清除了胃里的幽门螺杆菌，所以近期烧心难受的症状才开始出现，之前从未有这样的症状，而且与胃癌集中在老年发病不同，肺腺癌更多发于年轻人。

那么，一个年轻时就会患的癌症和一个老年才会得的癌症，哪一个对种群繁衍的影响更大？

布莱泽联合各国的医生对大量胃炎患者进行了调查，发现那些幽门螺杆菌依然存在的患者，12.9%有偶尔的烧心现象；在那些根除幽门螺杆菌的人身上，这个比例接近26%。

结果相当明显，可幽门螺杆菌怎么会保护我们的食管呢？

我们可以再回想一下胃酸。首先，幽门螺杆菌破坏了胃黏膜造成胃炎，但胃部的疼痛更多是胃酸接触胃壁所致，食管反流实际上就是胃酸对食管的侵蚀。其次，幽门螺杆菌通过尿素酶产生氨来中和胃酸，让自己能够在胃里生存，同时也在一定程度上抑制了胃酸过高，也许这本来就是身体几十万年确定下来的胃酸调节方式。cag A毒蛋白同样通过炎症反应有限度地破坏分泌胃酸的腺体，当然这不是幽门螺杆菌的本意，但是人体却利用了这种相对温和的炎症反应。现在这个调节系统因为关键角色被杀灭而失调，胃酸对人体的各种侵害又开始了。

但这里还是多少有些疑问：胃部疾病会直接影响人的消化，难道这会比食管反流对人的影响更小吗？

马丁·布莱泽的研究还在继续……

III 漫长的对抗后，人类学会利用它来调节免疫系统

从食管反流疾病与幽门螺杆菌的相关性研究中得到启发后，布莱泽开始寻找更多现代化生活后出现的疾病。之后，他发现了哮喘。哮喘的发病率在过去70年里增加了将近3倍。医生们其实早就认为食管反流和哮喘有一定关系，因为反流到食管里的胃酸多少也能进入气管，引发呼吸炎症，但这样的解释太过牵强。毕竟哮喘是一种典型的自身免疫性疾病，是过敏反应。过敏原是吸入的花粉、尘埃等，被自身过于敏感的免疫系统错认成病原体引发强烈的肺部免疫反应导致呼吸困难。

布莱泽需要更多呼吸科和消化科的同僚来研究，但是幽门螺杆菌只有坏处没有好处的认知在医学界已深入人心。这个"共识"已经和之前的"胃部无菌论"一样顽固了，布莱泽也遇到了与马歇尔证明幽门螺杆菌时无人响应一样的境地——没人搭理他的课题。

这一拖就是十几年，直到2000年，他成为纽约大学医学系的主任，有了条件才得以继续研究哮喘，其他医生帮助他征集相关患者完成这项研究。他们用318位哮喘患者组成实验组，208位健康人组成对照组，同样是单盲测试。在血清测试时，马丁·布莱泽不知道哪些是哮喘患者，哪些是正常人，以此避免主观倾向。这个实验的统计结果显示：携带幽门螺杆菌会让患哮喘的概率降低30%，其中cag A阳性的人患哮喘的概率更低。

随后，马丁·布莱泽又测算出哮喘患者当中携带幽门螺杆菌的人平均患病年龄是21岁，而未携带幽门螺杆菌的人平均患病年龄是11岁。也就是说，携带幽门螺杆菌，尤其是那些有毒性的幽门螺杆菌的人患哮喘的概率低，而且幽门螺杆菌可以更大概率保护孩子不患哮喘。在接下来的研究中，他发现，出生头一年里使用抗生素会显著提高7岁前患上哮喘的概率。随后针对更大规模上万样本的研究更加巩固了之前的假说，而且他进一步发现所有的负相关都出现在15岁以下的孩子身上。"二战"后哮喘病的增长主要体现在孩子身上，后来过敏性鼻炎以及各种皮肤过敏疾病，也发现了和幽门螺杆菌的负相关关系。结论似乎已经出来了，幽门螺杆菌似乎对免疫具有调节作用，它能关闭人们某些过度的免疫反应。

免疫系统的白细胞会吞噬病原体，B细胞可以产生抗体，T细胞可以杀死被感染的细胞建立隔离带，辅助T细胞也可以指挥免疫反应，督促其他免疫细胞更卖力地工作，用更激烈的炎症反应对抗病原体。但是，同样还有一小部分T细胞，被称为调节T细胞，它是在合适的时候抑制免疫反应的——发烧，不然本来想把病菌灭掉，结果直接把人"烧"死也有可能。所以，如果把免疫系统中各种免疫细胞看作一支军队，调节T细胞就相当于在这支军队里维持秩序；而存在幽门螺杆菌的胃里就有更多的免疫细胞，也有更多的调节T细胞。它们就是通过特殊的炎症反应，用自己的毒性蛋白调动调节T细胞和免疫调节系统来减弱炎症反应对自己的绞杀。

人体的免疫系统跟这个假想敌做了十几万年甚至上百万年的军事演练，逐渐开始利用并依赖幽门螺杆菌来调动免疫抑制系统，让我们的身体可以精确调控免疫反应。

当然，不是说没了这个细菌，我们的身体就乱了，这只是调节手段之一。但失去这个手段肯定会有不同程度的问题出现。马丁·布莱泽后来通过动物实验也进一步验证了幽门螺杆菌对过敏反应有抑制作用，尤其是在宿主生命早期。

幽门螺杆菌是一个在生命早期保护我们，却在生命末期直接杀死我们的细菌。也许自然选择最喜欢这样的生命，保护新生命的成长，同时清除老旧的已经完成生育使命的生命，给新生命腾出空间和资源。从繁衍的角度来讲，有这样的细菌在人体内保证了种群长久存续。可以说，幽门螺杆菌是深谙生存之道的顶级寄生体，在人类身体最严酷的环境里安稳存在。

你可能想说：人体之前就没有自己的调节系统吗？非要请这么个不怀好意的家伙来调节我们的身体？

但不要忘了，很可能不是我们选择了微生物来为我们服务，而是微生物选择了我们，让我们能够存在。

地球大约有46亿年了，而植物、动物等有明显形态的多细胞生物只有5亿多年的历史，在这之前只有细菌和藻类这些单细胞生物。是我们来到了它们的世界，适应它们的环境并实现互利共生。我们身体里的体细胞大约有60万亿个，但我们体内细菌的数量估计是细胞数量的10倍，数量在百万亿级别。

如果我们的身体是一家大公司，每一个体细胞是这家公司的员工，而细菌则是依附于大公司的供应商、物流商、中介和销售商，一起组成了人体这个生态系统。一旦缺了某一大类细菌，就有可能造成产业链的崩溃和公司破产——对应人体的死亡。生态平衡并不只是我们能看到的飞禽走兽、花草树木，更存在于我们的每一寸身体结构之中，而滥用抗生素将体内细菌除去的行为，会造成隐患。马丁·布莱泽在2016年出版的《消失的微生物》中列举了肥胖、各种过敏、糖尿病、乳糜泻、孤独症等现代疾病，它们可能都与抗生素、剖宫产引发的体内生态失衡有关。

根据《中国幽门螺杆菌感染防控》白皮书统计，2023年我国幽门螺杆菌人群感染率近50%。当然，胃炎、胃溃疡同样属于调节失衡，生病了不能不治，有限度地运用抗生素精准治疗绝对是应该的。而过度使用抗生素对个人来讲可能问题不大，可是，如果全人类过度杀灭细菌，细菌的抗药性和生态失衡就是肉眼可见的生物演化。它们加速演化，而我们却没变，随后的环境会淘汰谁？

我呼吁不了什么，只能展现事实。解决办法需要全人类的智慧，与大自然如何相处，我们要学的还有很多，但是一个谦逊的、不以人类自己为中心的态度是学习的基础。

CHAPTER 3

当人类真的变成**生态环境**的绝对**破坏者**之后，**生态平衡**也必将发挥自己的作用，**调节**人类的**数量**或者**清除**这个破坏者。

THE MOMENT OF HUMAN'S COLLAPSE

人类历史崩溃时刻

4年夺去2 500万条人命的疾病，有多可怕？

1347年，欧洲地中海西西里港口，一只只满载货物的船从黑海驶来。这是港口城市最期待的时刻，因为这支远航船队的成功归来带来了巨额财富。可是这一次，人们怎么都没想到，随船队而来的不只是香料、染料和胡椒，还有一种可怕的东西——鼠疫杆菌，也就是黑死病。

鼠疫发源于中亚地区，顺着东欧与地中海的海上贸易航线来到了欧洲，带来了一场空前的灾难——它在欧洲肆虐4年，夺去了欧洲2 500万人的生命，损失人口1/3以上。很多重灾区，例如佛罗伦萨，人口近乎绝迹，80%的人感染黑死病死亡。更可怕的是，这种疾病没有所谓的易感人群，无论男人、女人、老人、孩子、穷人、富人，黑死病都毫无偏袒地收割着生命。这场灾难也重整了欧洲的阶级格局，用恐怖改变了人们的观念，也造就了新的社会形态，为接下来的社会变革打下了基础。

III 为什么黑死病在欧洲暴发？

　　35亿年前，地球上生命诞生之初，所有生物都是单细胞生物，一直漂浮在地球温暖的原始汤之中，而其中占有很大比例的就是细菌，其他是藻类——它们是地球上的第一种生命形式。直到12亿年前，最早的多细胞生物才出现，而大型生物，或者说个体肉眼可见的生物也是5亿年前逐渐出现的。所以说，地球原来的主人就是细菌这种没有细胞核的原核生物。

　　当今世界上所有细菌的生物量，也就是所有细菌的总质量，远大于所有动植物的总和。

　　我们生活的世界里，细菌无处不在，很大比例是自养型细菌，生存仅需要二氧化碳和阳光；异养型细菌则需要从外部获得有机物来维持生命。它们一部分掠食自养型微生物，一部分分解大型动物的残骸，还有些寄生在活体的大型生物中。但是，说"完全寄生"并不严谨，人体内含有众多的细菌类微生物。在漫长的共同演化过程中，这些细菌积极参与到人体的生命活动中，帮助代谢消化，它们甚至是免疫功能的重要辅助因素。而人体也会专门产生微生物所需营养，比如母乳中会含有寡糖类物质和尿素，这些东西婴儿并不能吸收，目的是来滋养孩子体内的细菌。因此，没有细菌，人类也会无法生存，整个人体其实就是一个共生有机体系。

可是，还有很多细菌是通过掠夺大型生物有机物的方式生存的，也就是病原体，而这也构建了我们日常对细菌的主观印象。细菌的繁殖速度极快，大约10分钟就会分裂、复制一次。同时，由于它们结构简单，进化速度相比于多细胞生物要快得多，所以我们经常在新闻里听到"细菌变异引发新一轮疾病"。致病性的细菌虽然只是极少数，但却在人类历史上留下了难以磨灭的梦魇。

鼠疫杆菌，确切地说叫耶尔森菌，通常寄生在老鼠等啮齿动物体内。由于老鼠强大的体质，这种细菌并不会很快杀死老鼠，而且老鼠身上的跳蚤吸食老鼠血之后，鼠疫杆菌进而寄生在跳蚤体内。再由于跳蚤不如老鼠的免疫能力强，鼠疫杆菌会在跳蚤体内快速繁殖形成菌落或者菌斑堵塞跳蚤的消化道，饥饿的跳蚤只会更加疯狂地觅食。而人类当然也是跳蚤的叮咬对象，可是被堵塞消化道的跳蚤无法吸入人血，体内的鼠疫杆菌反而会和血液一起吐回人体的组织液中，这样细菌就进入了人体的内循环。

在10世纪到14世纪，由于欧洲的温暖气候，农作物持续丰收，欧洲人口翻了1倍多，达到7 500万。虽说是黑暗的中世纪，但是这段时间无疑也对欧洲的发展起到至关重要的作用。由于生活相对富足和人丁兴旺，人口开始向城市汇集，新的城市也不断形成，还出现了像热那亚共和国这样的以地中海商业贸易为根基的国家，海上贸易繁忙，人口往来频繁。

要说中世纪的欧洲城市面貌，除了王公贵族的居住地以外，大部分城区都可以用"脏乱差"来形容，生活垃圾直接倾倒在门外，洗澡更是一件稀奇的事情。据记载，所谓的城市排污系统最多就是门前的一条小污水沟。因为那时欧洲的城市建设并不像罗马时期或者中华大地一样有明确的规划，基本就是越聚越多的人建起了保护自己的城墙，城市就形成了。而政府也认为卫生是个人问题，排污系统远落后于罗马时期。人口如此密集的城镇，却没有多少卫生意识，这无疑是寄生虫、老鼠繁殖的绝佳场所，也是细菌滋生的温床。

在14世纪之后，全球气候小幅变冷，啮齿类动物在野外的食物减少，它们便大量涌入城市。由于知识的匮乏以及宗教意识的作用，医学在那时几乎没有明显作用，治病的方式也就是休息通风，或者请来神职人员让上帝免除对自己的责罚。

上述这一切因素都让欧洲成为鼠疫暴发的绝佳场所。

III 鼠疫是怎么夺去2 500万人生命的?

1347年，中亚地区出现了新变异的鼠疫杆菌，但由于出现在沙漠戈壁这样人口稀少的地区，本不会大规模传播。可当时蒙古的金帐汗国在围攻黑海北岸著名的贸易中心卡法城，蒙古大军带来了中亚的鼠疫杆菌。疾病很快在军中肆虐，围城的任务显然完成不了了，于是蒙古军队就将染病而死的士兵尸体用投石机扔进城内。城内的老鼠将这些尸体中的细菌扩散开来，也登上了驶向地中海各个港口的商船里。

来自卡法的商船首先来到的是君士坦丁堡，虽然船员已经出现死亡，但是由于当时的人对瘟疫没有认识，所以水手和货物都被允许进入港口。不久之后，城市里就出现了第一批鼠疫患者，患病的人数逐渐增加。他们先开始发烧，紧接着脖子、腋下等地方的淋巴结开始肿大，随后伴随剧烈的咳嗽，皮下开始出现黑斑，手脚坏死，最终由于身体器官衰竭、坏死导致生命活动无法继续而死亡。这个可怕的过程慢则6~7天，快的不到1天。

进入人体组织液的物质都要通过淋巴系统的过滤和审查，才会进入人体的内循环，淋巴结肿大是因为机体已经检测到了细菌入侵，开始在淋巴腺抗击细菌。可是鼠疫杆菌相当蛮横，会直接攻击淋巴系统，白细胞或者巨噬细胞都会被鼠疫杆菌杀死。如果免疫系统足够强大，细菌就会被挡在淋巴腺中，造成淋巴组织溃烂，这样的情况叫作腺鼠疫病。人体与细菌会斗争6~7天，死亡率在50%。细菌如果通过了淋巴进入肺部，就会在肺泡里繁衍，造成人体剧烈咳嗽。与此同时，咳嗽产生的飞沫又成了进一步的传染源，不通过老鼠和跳蚤就能感染下一个人，这就是肺鼠疫病——有100%的致死率。

一个人感染下一个人，细菌是直接进入肺部的，所以人与人之间传染的鼠疫直接就是肺鼠疫，感染当天就会夺去人的生命。细菌通过肺部进入血液，掠夺红细胞中的铁并破坏血管壁，导致人体内大量出血形成黑斑。由于血管遭到破坏，内循环也被切断，末端组织开始坏死，手脚发黑、溃烂，最终病人在痛苦中死去。而接触到这些病人血液的健康人，在有伤口的情况下，这些血液可以直接进入健康者的血液之中并引发病症致死，这个过程不会超过1天，甚至仅仅2小时就会让一个健康的人全身发黑溃烂而死。由于病人后期身体发黑溃烂的症状，人们将这种疾病称为

"黑死病"。

作为欧洲最重要的城市之一、千年古城君士坦丁堡，每天都有大量的商业船只往来以及人口流动，如此一来，黑死病就沿着它的贸易线路更加快速地向整个地中海沿岸扩散。很快，巴尔干半岛受到感染。而希腊向南的贸易线路又将黑死病带到了北非和中东，埃及、叙利亚、阿卡，然后是耶路撒冷；向西的航线几个月后就到达了西西里的墨西拿港，接着感染了整个亚平宁半岛，紧接着就是法国、西班牙。威尼斯、巴黎、佛罗伦萨这种人口密集的城市很快成为重灾区。英吉利海峡也没能挡住黑死病，伦敦等地相继暴发。尽管当地人意识到传染病的存在，并采取隔离病人、关闭城门等措施防止疫情蔓延，可他们没有认识到老鼠和寄生虫其实是病原体散播的途径。

就这样，黑死病从老鼠传到人体，从个体传到整船船员，然后登陆港口，传到城市，接着一村一镇地向内陆蔓延，最严重的时期很多大城市每天都有1 000多人死去。以经商为主的热那亚共和国几乎被摧毁，有些村镇更是出现绝户的情况。躲避瘟疫、逃离疫区的人们同样也加速了瘟疫的扩散，让本来与外界交流并不多的地区同样遭遇灾难，隔离措施完全不起作用。同时，细菌也在更快地繁殖，并扩散开来。当时的人们只是捂住口鼻，认为空气在传播死亡，而完全没有意识到满街的老鼠和自己身上的跳蚤、虱子其实正在播撒死亡的种子。起初人们还会处理尸体，可是由于人手越来越少，城中逐渐尸横遍野，经常有一人感染回到家中之后，全家人都死在屋里无人知晓。大城市的景象好比人间地狱，黑死病在欧洲肆虐了4年，带走了大约2 500万人。

由于瘟疫的突发性，人们面对这场灾难没有丝毫的应对措施，传统的放血疗法、烟熏疗法，甚至用蜡包裹全身，都没有任何作用。一些城市开始封闭，切断交通与商业往来，禁闭病人，焚烧尸体和外来货物，但依然对啮齿动物的横行视而不见。绝望之中，很多人开始上街祈祷，组成游行队伍，并鞭打自己，让他们的上帝看到他们已经认识到自己的罪孽，在接受惩罚，祈求宽恕，不要再散布死亡。

可是当时没有人知道什么是细菌，所有方法都拦不住疾病的肆虐，同时，人们也开始寻找责任人，将疾病的传播以及死神的降临原因归咎给犹太人、异教徒或者麻风病人，认为是他们在传播疾病与死亡，并对他们实施抓捕、监禁甚至屠杀。

同时，在信仰的支持下，神职人员一直站在对抗病魔的最前线，为人们祈祷。可是细菌仍然毫无差别地攻击着所有人，所以神职人员大批倒下。很快教堂空了，各种仪式无人主持，人们的精神再无依靠，因为就连从前神圣的神父、牧师、传教士都大批倒下的话，那么上帝又在哪里？在政教合一的国家里，教会失去权威，政府无力统治，文职人员和军队士兵也大批倒下，商业往来与食物供应逐渐停止，社会秩序被疾病彻底摧毁，整个欧洲似乎正在做灭亡前最后的挣扎。

||| 肆虐4年的鼠疫，又是怎样消失的？

人们对这场突如其来的瘟疫缺乏认知，没有任何对抗的能力，就在绝望之际，也就是1352年，黑死病突然自己消失了。

人们发现不再继续感染了，陆续走出家门。面对荒芜的、冷清的城市，人们开始处理死尸，重新建立秩序，逐渐恢复了自己的生活。直到现在，史学家与病理学家也没有弄明白欧洲的黑死病是如何消失的。他们猜测是因为重灾区人口损失过快，导致疾病的传播被阻断；同时城市里的啮齿动物也大量发病死亡，加上商业人口流动被切断，小冰期野外食物的匮乏，减弱了老鼠城际活动的能力，传播途径被阻断。缺少新的宿主之后，细菌的蔓延和生长也就被控制，所以恐怖的瘟疫暂时消失了。

灾难过后，由于宗教旧秩序、旧势力被严重削弱，还有神职人员在这场灾难中的无能为力，人们逐渐对宗教产生怀疑。以往人们将信仰寄托于全能的上帝，去祈祷、去忏悔、去苦行以完成上帝的意志。如果一切都是上帝的安排，这次瘟疫体现的上帝的意志又是什么呢？逐渐地，人们认为死亡随时会到来，而且自己可能死得毫无意义，那么不如活在当下，追求自己的快乐，追求财富与美好的生活，探索新的土地。由于人口短缺，劳动力价格飙升，封建地主不得不以更高的酬劳请农民为自己打理田地，世人也因此有了追求美好生活的条件，同时艺术也不再只是颂扬神的功德，而是尽力展现生命的美好，这也就为文艺复兴、大航海工业革命打下了思想基础。

当然，瘟疫只是暂时消失。生存能力极强的细菌当然不会被赶尽杀绝，只是缺少宿主停止了大规模暴发。因为在接下来的几百年中，黑死病仍然在世界各地不断出现，制造了多次大规模疫情，而且在成百上千万人死去之后再次藏匿起来。明朝末年的鼠疫大流行，整个军队感染，所以明军在李自成的农民军面前才显得那么不堪一击。近代之前，人们对鼠疫杆菌一直束手无策，因为人们根本不知道细菌的存在，直到1894年香港再次暴发鼠疫时，法国人耶尔森通过解剖病人尸体，观察病变部位才发现了鼠疫杆菌，这才明白老鼠—跳蚤—人的鼠疫细菌传播机制，之后疫情的防治才变得容易多了。

随着"二战"期间青霉素等抗生素的量产，鼠疫再也不是不治之症了，只要发现及时就能彻底治愈。但是鼠疫并不会像天花、霍乱等被人类根除，因为它可以在其他动物尤其是杀灭不尽的啮齿类动物身上繁殖，如果有方法灭绝老鼠又会斩断食物链造成生态灾难，所以人类只能与之共存于世并时刻提防它的卷土重来。

当前人类自身的组织能力已经较之前有了很大程度的提升，如果再次暴发鼠疫，人类社会将很快做出反应，迅速控制疾病的传播，人群的隔离和检疫措施将会有很高的执行效果……但这也只能说我们有应对机制，而并不能保证效果。

如果变异的细菌让现有的抗生素也无法识别，后面的事情可能就得依靠运气了。这样的瘟疫如果再次暴发，每天成千上万的航班、布满大洋的航运线路，还有纵横交错的交通网，把全球稠密的人口紧紧联结起来，无疑是疾病传播的理想途径。人类世界对疫情的反应速度只是比过去更快，但是否能跟上新的细菌、病毒的传播速度，并无定论。

其实从进化角度来看，鼠疫杆菌是存活率很低的细菌，因为它会造成宿主的快速死亡，并不利于自身的繁衍与传播，只有让宿主长期携带病原体并具有较强的活动能力，细菌自身的繁衍才会更加长久，所以鼠疫杆菌只能大规模存在一段时间后自行消失。从这个角度来看，人体内大量的益生菌就是一个很好的例子，组成人体的并不只有我们自己，还有那些与我们组成生存联盟的微生物。而人类和其他众多生物又一起组成了整个地球的生物圈，各种生物的此消彼长同样影响着全球的气候与生存条件。

那么反观我们人类，以自己为中心的生活方式是否能长久下去，毕竟人体是脆弱的，精密的人体机器任何一个细小的环节出现问题都能造成整个生命体的死亡。一个完全不可见的细菌就可能夺去80万亿细胞组成的生命体，即使有抗生素也不是万能的，细菌的快速演化同样会出现耐药性的现象发生。现代医学与病原体的抗争其实是一场无休止的军备竞赛，因为细菌、病毒有强大的适应性，如果竞赛停止了，胜利的也只会是它们。当人类真的变成生态环境的绝对破坏者之后，生态平衡也必将发挥自己的作用，调节人类的数量或者清除这个破坏者。黑死病从诞生到暴发再到消失的过程，就是最好的例子——这正是由于人类污染局部环境造成的卫生问题引发的巨大灾难。随后医药卫生才受到足够的重视，生活环境才被人为改善。这能不能也归结为自然的调节能力？

生态环境是一个有机的整体，每一种生物都是一个重要的环节，我们在努力发展科技改善生活的同时，也应该更多地去思考我们在生态环境中的角色与应该发挥的作用，共生永远都是长久的发展策略。

比原子弹爆炸严重400倍的灾难，差点毁灭欧洲

1986年4月26日凌晨，切尔诺贝利核电站四号核反应堆爆炸，堆芯熔毁，居民紧急疏散被迫离开家园。这次灾难造成数万人遭受放射性损伤，巨量核污染被抛向全世界，一度将整个欧洲推向毁灭的边缘。

受这场灾难的影响，直到现在，乌克兰与白俄罗斯的癌症发病率仍明显高于全球平均水平。我会在这篇文章中细讲此事件的缘由以及发展，同时展开介绍原子能的基本原理，以及对核污染的基本认识。

III 人类是如何打开核能这个"潘多拉魔盒"的?

能量是人类赖以生存的基础,人类每次突破性的发展都来自能量利用方法的革新,包括人力、畜力、风能、化石燃料等。能量使用的频率一直在增大,能量利用率的增长带来的就是生产力的进步。能量不会凭空产生或者消失,但能量却在不同形式之间不断地转换。让能量向某个特定的形式更高效地转换,更好地为人类服务,带动社会的发展。

但能量的转换也可能失控给人类带来灾难。1898年,居里夫妇发现了镭的放射性,镭在放射的同时会产生一定的热量,从此原子能的"潘多拉魔盒"被人类打开。不管核能是魔鬼还是天使,它产生的巨大能量开启了人类的新纪元,当前人类的世界格局,以及在核威慑下形成的长久和平都源于此。在原子弹以简单粗暴的方式将核能展现在世人面前之后,人们也就有了驾驭核能、希望用它烧开水的愿望,于是核电站就此诞生。

用中子轰击铀-235原子核,铀原子核在吸收了这个中子之后会变成不稳定状态,并迅速裂变成两个中等大小的原子核。这个裂变反应堆最终会形成一系列裂变产物,比如后面故事的重点物质——氙,一定的质量衰减会变成能量,并以射线和热能形式放出,这就是从核裂变中获得能量的来源。同时,反应还会释放三个中子,这些中子如果再次被铀原子核吸收,就会继续发生裂变反应,这就是核裂变链式反应的微观原理。

要让这个链式反应得以自发进行,就得保证铀-235——裂变反应物的浓度。一般制造原子弹的武器级别的铀-235浓度都在

90%以上，这样才能绝对保证由原子裂变释放的中子，几乎全部都能撞上下一个铀原子核。不过，这也会导致反应不可控，所以通常只当武器使用，核电站的铀-235浓度一般都在2%～5%。

切尔诺贝利核电站采用的RBMK-1000反应堆，也叫石墨慢化沸水反应堆。沸水的意思当然就是烧开水，循环的冷却水进入反应堆被烧开后再抽出反应堆，利用其产生的蒸汽驱动发电机，循环冷却水也可以将反应堆产生的热量及时带走，以免反应堆被高温破坏。

"石墨慢化"的含义则比较复杂，要弄清楚得先了解反应堆。首先，裂变反应物浓度3%左右的铀-235被做成柱状，组成反应堆的核心，并由石墨作为中子慢化剂包裹。为什么要有这个慢化剂呢？这是由于发电用的铀原料除了3%的铀-235以外，其余成分主要是铀-238。这个铀的同位素不会参与裂变反应，但会吸收高速中子。铀-235裂变反应释放出来的中子速度就比较快，很容易被铀-238吸收，但铀-238的慢速中子的吸收能力较差，铀-235对慢速中子的俘获率却更高。

中子通过石墨慢化剂时，石墨能将中子减速，使其成为慢中子继续被铀-235吸收后裂变，保持链式反应持续进行；而原子弹90%以上的铀-235浓度可以使其不用减速。石墨虽然在这里被叫作慢化剂，但它却是促进核反应的物质。这里先建立好对石墨的概念，因为石墨也是后面故事的主角之一。

接下来组成堆芯的还有一个最重要的东西：由硼元素构成的控制棒。硼对中子的吸收能力极强，可以彻底吸收并固定中子，当控制棒完全插入反应堆时，飞出的铀棒经过石墨减速的热中子就会完全被硼吸收，无法到达其他铀棒。而铀棒内残留的快中子，由于没有经过慢化剂减速，本身就不易被铀-235捕获，且很快会被铀-238吸收，这样裂变的链式反应就会彻底停止。完全拔出控制棒，核反应的速率也就不再被控制，达到最剧烈的状态。通过调整控制棒的数量和插入深度，就可以调节反应堆的反应功率。这就是石墨沸水反应堆的大体原理，技术细节还有很多，想了解的可以去网上搜索一下。

有了浅显的了解之后，我们回看一下切尔诺贝利核电站事故发生的那天凌晨，反应堆正在进行的一个测试。测试在电网断电的情况下，核电站的自动维护。因为将废水排出，并将冷水灌入反应堆的水泵需要电力驱动，即使断电期间控制棒完全插入反应堆，彻底关停核裂变的链式反应，先前反应产生的副产物依然有很强的放射性，各种裂变、衰变依然在继续，所以还会产生热量。这个热量不被带走的话，就会对反应堆带来高温熔毁的风险，所以需要持续供电保持水泵的运转。

因此核电站准备了柴油发电机，在电网断电后启动发电机为水泵供电，可是柴油发电机的启动需要1分钟，这1分钟内累积的热量同样非常危险。这时就有人想到了电厂蒸汽驱动的发电轮机，它在这1分钟内因为惯性的作用应该还在转动，就可以利用轮机的惯性给水泵发电，弥补这1分钟的电力空当。可是新的方案从提出到实践总会有各种问题，这个方案实验三次都失败了，第四次实验就是1986年4月26日。

III 灾难是如何发生的？

1986年4月25日下午4点，核电站准备进行实验的四号反应堆被下调了功率，运行功率由平时正常运行的32亿瓦降到了16亿瓦，并准备进一步降低功率，以模拟断电后核电站的关停状态，从而来检测此时汽轮机的转速是否足够为水泵供电1分钟。可这时，乌克兰首府基辅旁边的一个小电站突然关停，导致基辅用电紧张。基辅电力局因此通知切尔诺贝利核电站先不要做关停实验，持续发电以保证基辅白天的正常用电，等到10小时后的凌晨再进行测试。电厂厂长布卡诺夫答应了，但为了省事，依然保持核电站以半功率16亿瓦运行。

这就导致了两个问题：

第一个问题，核电站的技术骨干一般都在白天上班，晚上只剩初来乍到、工作并不熟练的年轻操作员值班——这个复杂的测试任务落到了年轻操作员托图诺夫的头上。26日凌晨，25岁的控制棒操作员托图诺夫，在核电站的工作时间仅为4个月，面对这样的任务多少有些不知所措。不过，有一个有经验的值班主任阿基莫夫在进行监控。

第二个问题，裂变反应的副产物中有碘-135，而且经过一段时间会衰变为氙-135，氙-135和硼一样会直接吸收中子使核反应速率下降，而且产生的氙会弥漫在堆芯，不像硼控制棒那样可控。不过，在正常功率下，巨量的中子会很快将氙-135消耗掉，氙-135吸收中子后会变成氙-136，不再对反应产生影响。可是在功率减半以后，中子生成量减少，反应堆那几年积累的大量碘-135依然在不断地衰变为氙-135，这就导致在这10小时内氙-135的浓度一直在大幅增长，这似乎被电厂厂长忽略了，或者他根本就不知道这一点。

后面故事的关键人物是核电站的代理总工程师迪亚特洛夫——这次由他监控并指挥整个测试。26日凌晨1点，测试开始，在操作员托图诺夫的控制下，核电站的功力开始从16亿瓦向目标7亿瓦下降。可问题很快出现了，由于功率再次下调，反应堆内氙的含量也随之更快地上升，其吸收中子阻碍核反应的效应开始明显出现，很快功率就不受控制了，核电站的功率急剧下降到了3 000万瓦。此时，值班主任阿基莫夫已经意识到了接下来会产生氙的问题，但他不知道的是，早在10小时前氙就已经开始积累了。此时按照规定，需要将反应堆关停24小时，直到氙-135通过自身的衰变完全消失。不过，这也就意味着此次核电站的检测再次失败。

代理总工程师迪亚特洛夫显然不愿意接受这样的结果。他说服了值班主任并示意尽可能多地拔出控制棒，让核反应堆恢复功率，准备重新开始实验。由于此次操作违反安全规定，迪亚特洛夫命令关闭警报系统和控制棒的自动控制系统，完全改为手动控制。反应堆中的氙-135浓度依然很大，所以在拔出全部211根控制棒中的205根之后，功率回升缓慢，最后勉强维持在2亿瓦。

迪亚特洛夫要求就在这个功率下开始测试，于是，水泵断电等待轮机惯性产生的电力再次驱动水泵。此时由于水循环停止，反应堆内的水开始沸腾产生气泡，本来水对中子也有吸收作用，可气泡的形成让吸收效果下降，反应加剧。与此同时，反应堆中的碘-135已经消耗殆尽，也就是氙-135的生成已经没有了来源，功率在2亿瓦运行的核反应堆产生的中子开始消耗累积的氙-135。在氙浓度逐渐降低的同时，核反应功率开始上升，且反应功率的增加本身就会增加更多的中子，加快氙的消耗。

所以反应功率从开始的缓慢上升变成激增，看到急剧增加的数字，值班主任阿基莫夫意识到反应已经失控，于是迅速按下AZ-5核反应堆紧急关停按钮，这样所有控制棒就会迅速插入核反应堆，阻止反应继续。可谁也没想到这是一个毁灭性的操作。因为此前经验不足的操作员托图诺夫迫于迪亚特洛夫的压力，急于恢复功率时，已将205根控制棒完全拔出反应堆。

如果正常操作，这种情况是不会出现的。控制棒底部是一段很长的石墨，而石墨是反应堆的中子慢化剂，会进一步促进反应。按照原来的设计，提升控制棒是为了加速反应，所以在控制棒上升时，原来硼的位置由石墨代替，反应可以更加显著。这样，裂变反应物铀-235就不需要那么高的纯度，相应地也节省了燃料。可当时在场的所有人并不知道这一点，所以他们紧急插入控制棒，首先进入堆芯的不是硼而是石墨，反应在一瞬间急剧增加了上百亿瓦。剧烈反应让反应堆中部分的水瞬间汽化，产生的压力扭曲了反应堆，这就让控制棒卡在其中无法继续插入，控制棒底部的石墨也就卡在了反应堆的正中。

最后一次反应堆功率读数显示，核反应堆功率达到330亿瓦，10倍于正常功率。堆芯在超高温下瞬间熔毁，随后1 400吨的反应堆顶盖被蒸汽爆炸抛向空中，氧气进入反应堆，一切能燃烧的物质在高温下迅速发生爆燃。剧烈的爆炸让包裹着放射性物质的石墨飞散得到处都是，核电站上空出现了一道幽蓝色的光柱。那是空气中的原子吸收高能射线变成激发态，然后又回到非激发态时放出的光谱。其实当裂变反应发生时，反应堆内的颜色就是这种幽蓝色。本次事故的主要原因在于反应堆设计缺陷。事故产生的放射性物质借助爆炸的冲击波以及大气的流动，迅速向周围飘散。

III 看不见的杀手——辐射

辐射对普通人来说既神秘又可怕，是一个看不见的杀手，会唤起心中最深层的恐惧。不过我要说的是，辐射确实可怕，但并不神秘和复杂。从微观上来看，辐射很简单，也正是作用原理简单导致人类在很大程度上对它束手无策。

辐射中会产生各种高能电磁波，也就是不可见光，主要是穿透力极强的X射线和γ射线。如果辐射强度较大，那么人只要暴露一下皮肤就会变红。因为大量γ射线首先照射到的是皮肤的角质层，皮肤吸收射线能量产生热能，也就是分子的动能，使角质层从结构上瓦解，皮下的细胞就被显露在外，表现成红色。其实，这与你在烈日下跑一天，强烈的紫外线会导致皮肤晒红晒伤是一个道理，只是γ射线会让这个过程瞬间发生并继续作用于深层细胞。

辐射中还有很多有质量的射线，比如α射线、β射线、中子流等高能粒子流，由于物质都是原子构成的，而且真正有阻挡作用的原子核只占原子体积的万分之一，所以这些比一般原子核还小的粒子可以轻易穿过。这些粒子可以冲进人体内部，由于其有质量，所以就有了动能，这样的辐射会让人体内大部分分子发生电离，实际上就是将DNA、RNA、蛋白质等分子破坏掉。所谓的 γ 射线、X射线造成电离也一样，就是射线的能量被分子中的原子吸收，处于高能状态，并以动能形式释放，于是分子就分崩离析。其实人体角质层或者蛋白质被破坏，还可以逐渐恢复，最可怕的是DNA携带的遗传信息被破坏。

人体的一切构造和生命活动，都是DNA上携带的遗传信息指导的，尤其是干细胞。本来一个人的细胞除了神经细胞以外，每7年就会更换一遍，这就是干细胞在不断根据DNA的指引分化成不同功能的细胞去代替老化的细胞。但当DNA被破坏以后，这些干细胞不仅不按计划分化，反而有很大可能反抗原始规律，释放并无限增殖，也就是癌变。现存的细胞也会因为DNA的破坏无法实现特定的功能，比较严重的话，人体的内脏会很快溃烂，皮肤脱落，人体的一切生命活动紊乱，死亡时间根据遭受辐射程度的不同而不同。

在切尔诺贝利核电站爆炸以后，第一时间赶来灭火的消防员以及在反应堆附近采取紧急措施的电厂工作人员，均在一周之内变得不成人形，相继死去。旁边的普里皮亚季市很快就暴露在了致命的辐射之中，而当地大部分人的生活依然照常，甚至还有人驻足观看事故现场。关于苏联官方是否在最初隐瞒消息这一点，通过各种资料了解到确有其事，不过很大程度上是为了防止人民对核能产生恐惧，从而抵制核能，毕竟苏联当时依然是用电紧张的国家。所以，即使切尔诺贝利的四号反应堆出现了如此严重的事故，其他几个反应堆也没有因此停机，而是继续工作，其中三号反应堆更是用到了2000年才被关停。此次事故对当地乃至全球的生态系统造成了难以想象的负面影响，仅事件造成的死亡人数就难以精确计算。特别是苏联时期相关部门的刻意隐瞒，使得统计工作变得非常困难——事实上，在事件发生后不久，苏联当局就禁止医生在死亡证明上提及放射性死亡的事实。

史无前例的灾难发生了，当时的人又是如何应对的呢？那又是一个荡气回肠的故事。

III 争分夺秒的抢险工作

根据苏联的事故报告，发生事故的切尔诺贝利四号反应堆堆芯共有180~190吨核反应材料和废料，当时此反应堆仅运行4年，裂变反应物消耗不多。按照铀浓度3%计算，至少有5吨铀-235。而投向广岛的"小男孩"原子弹仅装有64千克浓缩铀-235，其中只有不到1千克进行了裂变反应，所以才有了专家估算的，这次灾难所释放的辐射剂量是广岛原子弹爆炸的400倍以上。放射源主要来自已经高温熔化的堆芯和包裹堆芯的石墨，堆芯的铀原料在爆炸中一部分已经飞散，而石墨碎片更是散落得到处都是。剧烈的爆炸后，粉尘和燃烧余烬也携带着致命剂量的放射源随风飘散到大气中。

所以，这样的事故发生以后，救灾工作的具体思路就是：

第一，灭火，防止大火的蔓延威胁其他三个反应堆的安全。

第二，结束熔融状态铀原料中的裂变反应，停止释放能量，让核心自行冷却。否则温度还会继续升高，造成次生灾害，让事态变得更加不可控，也为接下来的救灾工作带来困难。

第三，阻断放射源。裂变反应物和裂变产物都有放射性，而且放射会一直进行下去，上百年不会停止。所以需要尽可能将放射源集中起来，运用能够阻挡辐射的材料将其封存。

对于散播到大气中的放射性粉尘已经无能为力，只能让人们加强自身防范，同时对于周围可控的流动性放射源进行控制，比如对人和动物进行迁移安置，砍伐并掩埋受到核辐射的植物。但是大体思路如此，并不代表事情可以按部就班地进行。相反，这是人类历史上前所未有的重大灾难，是首个被定义为七级的核事故。（下一次同样七级事故是2011年的日本福岛核电站事故。）

1986年4月26日凌晨1时23分47秒，爆炸发生，燃烧物散布在四号反应堆周围，反应堆屋顶更是一片火海。此时与四号反应堆紧挨在一起的三号反应堆已经岌岌可危，爆炸刚发生就出现了严重的危机。

凌晨1时26分3秒，火警接到报警，两分钟后，第一批消防员就抵达现场展开抢险工作。这批第一时间赶来的108名消防员没有采取任何防护措施，这在一定程度上也是由于不清楚事情的严重性。但我认为在"二战"结束以及冷战的背景下，任何人都明白核电站发生事故意味着什么，消防员以及在核电站采取紧急措施的工作人员，却依然不顾自身安全投身救险工作。这批消防员最后悉数倒下，送至医院时很多人的皮肤已经变黑，后来有28名消防员在3个月内死去，其他人也被隔离。不过正是他们第一时间赶到现场，将大火扑灭才保住了三号反应堆，也让接下来的抢险工作得以继续。

苏联官方认识到事情的严重性时，爆炸已经过了18小时。因为在场的辐射剂量已经无法显示出现场真实的辐射量，而且苏联当局一开始被告知事故问题不大且已经被控制。不过，戈尔巴乔夫政府还是很负责任地成立了特别调查组赶赴事故现场，才有了对事故的准确认识。先前的测量仪上限是3.6伦琴①，这个数字就被报告给了苏联当局。一般来说，辐射量达到500伦琴时，暴露1小时就是致死量。而此时汽轮机厂房屋顶的辐射强度为2万伦琴，被炸开的反应堆内部是3万伦琴。很多消防员确实爬到屋顶灭火，一些电厂的工作人员更是直接查看了反应堆内部的熔毁情况，这些人的皮肤很快就变黑脱落，身体也在不久后烂掉。

事后估计爆炸瞬间有500吨的核燃料作为烟尘进入大气，尘埃的散布地区包括苏联西部、西欧、东欧、斯堪的纳维亚半岛、不列颠群岛和北美东部地区。另有70吨核燃料和900吨石墨飞溅到反应堆周围，引起30余场火灾，而核反应堆中剩余的800吨石墨引起的大火，用了10天才扑灭。

虽然苏联当局在事故发生18小时后才认识到事故的性质，不过整个苏联很快就被动员起来，全国的灾后救援处理工作全面展开。就在4月26日当天，苏联的气象、水文、辐射和公共卫生

---

① 伦琴，是采用国际单位制前使用的照射量专用单位，现已废除。

监测部门迅速出动监测人员，在半径1 000千米内展开辐射环境监测，出动直升机500余架次，收集空气样本监测辐射剂量，为苏联政府委员会的大疏散决策提供了基础数据。当晚8时，临时委员会的专家掌握了现场充足证据后，决定紧急疏散普里皮亚季市的全体居民，开始调集1 000辆大客车、3趟火车专列，为疏散工作做准备。

4月27日凌晨，防化部队和专家组近3 000人奔赴切尔诺贝利，大批直升机、车辆以及相关物资也开始在核电站周围集结。4月27日中午，用于紧急疏散普里皮亚季市居民的大客车以及火车全部到齐，当天11时整，也就是事故发生后的第34小时，疏散全部居民的行动开始了。为了迅速撤出市民，政府告知他们只有两小时打包行李的时间，仅允许携带必需物品，包括证件、定量的衣物和食物，每个儿童被允许携带一件玩具。当天下午3时，普里皮亚季市与切尔诺贝利市5.3万名居民，全部撤到波列格纳镇等地。再后来随着时间推移，核污染进一步扩散，政府下令核电站30千米内的全部居民撤离，涉及33万人，但这些人在撤离前，很大程度上已经受到了放射性损害，在外围蔓延的火焰被扑灭以后，此时要做的就是停止链式反应。思路也很简单，和控制棒一样，想办法吸收链式反应产生的中子，让它不会继续作用于下一个铀原子核。

于是，处理事故的临时委员会调集了苏联境内几乎全部的硼砂，直升机一队一队地轮番起飞，连续数日向暴露在外的核反应堆堆芯投下了近2 000吨碳化硼和沙子后，终于停止了最新的核裂变反应。

最终，直升机的总空投量达到5 000吨，因为这5 000吨物质的隔离作用，核电站外围的放射性减少到了1%，但还是致死量。空投物资的直升机要飞过充满辐射的堆芯上空，600多名飞行员因此受到了严重的核辐射。有一架直升机就因辐射破坏电子元件，造成飞机操控性下降而坠毁。

||| 致命任务——"封印"核辐射恶魔

核反应停止了，从理论上来讲，接下来的工作应该到了封闭隔绝放射性物质的阶段，可是专家们很快意识到一个极其严重的问题——反应堆芯熔融状态的反应物已经成为一个极不稳定的因素。因为先前没有被控制的核反应进行了很久，尽管爆炸让裂变反应材料在一定程度上分散开来，减弱了核反应，但由于产生的热量没有被循环水带走，持续累积的高温很快达到了混凝土的熔点，反应堆底部的混凝土和反应物以及石墨已经变成了将近3 000℃的岩浆。为了停止反应，抛撒了几千吨硼砂覆盖在熔岩上面，使得热量无法耗散，抛撒的物质也增加了反应堆结构垮塌的风险。此时熔岩有几千吨，且正在熔化反应室底部的混凝土，而因为之前的灭火工作，电厂的工作人员还有消防员将足足上万吨的水灌入堆芯，并灌满了整个反应堆的地下室。

一旦这几千吨带有极强放射性的熔岩，接触到地下室中的水，2万吨的水在密闭空间内瞬间汽化，会造成难以想象的蒸汽爆炸。这个蒸汽爆炸释放的能量将是广岛原子弹的80倍，300千米内的所有生命将被消灭，乌克兰与白俄罗斯包括首府在内的大部分城市将被夷为平地。400倍原子弹的放射量将被毫无折扣地扩散向整个欧洲，再也无法控制，大半个欧洲将不再适合人类居住，疾病的增加、大量的人口流动以及对大气、水流的破坏，将会难以想象地改变人类的世界。爆发战争、争夺资源，将在一段时间内成为常态，而且是在冷战和核威慑的背景下，世界爆发热核战争并不是不可能的事情。

这就是被很多人说的烧开水的终极形态。巨大的热能几乎毫无折扣地通过蒸汽转化为动能毁伤，同时刚才说的直接危害，还没有计算切尔诺贝利其他三个反应堆也被摧毁的情况。接下来的事情无法预测，而当这个问题摆在苏联领导人面前的时候，全世界都屏住了呼吸，唯一的解决办法就是派人潜入地下室的水中，打开排水阀门将这2万吨水抽干。但这些水上面就是熔融的核反应堆堆芯，水中的放射量已无法估计。在当时的人看来，这无疑是自杀的任务。

就在这种情况下，5月2日，3位核电站的工程师毅然站了出来，作为志愿者去完成这项排水任务。很多专家认为，他们可能还没找到排水阀门就会死去。不过，好在他们熟悉核电站内部结构，很快就找到了水阀门，打开阀门成功排水。3个人入水、出水仅用了1小时，同时在盖革计数器的指引下，他们成功绕过了辐射量较大的区域。5月6日，熔岩熔穿了混凝土流入地下室，而水已排干，没有发生蒸汽爆炸，最可怕的危机被解除，人们也终于松了口气。

可是熔融态的放射性岩浆依然会继续下沉，这样就会对土壤以及地下水造成严重污染。虽然这个危害不像蒸汽爆炸那样紧迫，但是土层下的地下水会最终流入伏尔加河、第聂伯河等东欧重要河流，且污染在几百年内都不会被消除，那么当地大部分人口的水源，以及食品供应都会受到威胁。为防止同样可怕的灾害，工程师开始从反应堆侧面向反应堆底部挖掘地道，然后向这些隧道中不断通入液态氮，让反应堆下的土壤温度保持在0℃左右。这样下沉的熔岩就会被降温随后凝固，封存也就变得容易得多。挖掘工作同样是由普通矿工实施，他们夜以继日在靠近堆芯的辐射源工作，最终顺利完成，导致其中大部分人寿命减半。液氮冷却土壤之后，这些地道被灌入混凝土阻隔辐射对大地的侵蚀。

接下来隔离辐射源的工作开始展开，思路也不复杂，就是将所有能找到的放射源收集回反应堆，并用防辐射能力较强的材料建造放射性物质的牢笼，将一切控制在建造的石棺之内，相当于将魔鬼封印。但是，施工建造石棺要在反应堆上进行，可散落在反应堆屋顶和周围的石墨仍然具有极强的放射性，工程无法展开。

所以，要建"牢笼"，就要先清理反应堆，也就是要将放射性物质，尤其是反应堆屋顶的大量石墨残片倒入反应堆堆芯，然后与其中的铀原料和核废料一起封存。

一小片石墨碎片的放射性就足以致人死亡，散乱的石墨碎块则让反应堆的屋顶成为世界上最可怕的地方。起初出动遥控机器人对屋顶进行清理，可在最靠近辐射源的地区，精密的机器人采用的微电子元件，同样被辐射的粒子撞得支离破碎，很快失效。

机器人的表现比人体更加脆弱，所以最危险地区的清理工作最后还是落到人的头上。他们穿戴防具，用铁锹等工具将屋顶以及周围的石墨碎块铲入反应堆。上级要求每个人在致命的辐射下工作90秒，然后换下一批士兵，几个月内，共有 3 828 名士兵参与了这项工作。虽然每个人每次只待 90 秒，但辐射同样对他们的身体造成了永久性的伤害。

到了 10 月，事故发生 5 个月后，反应堆周围的放射性物质终于被彻底清理干净，与 1945 年苏联红军攻克柏林国会大厦一样，苏联士兵再次将象征胜利的国旗插在了核电站的最高处，随后两个月时间投入大量人力建造的石棺，终于封住了切尔诺贝利四号反应堆。

厚重的水泥墙和顶盖可以保证 30 年内放射性物质不会溢出，恶魔终于被关进了牢笼。不过石棺依托于反应堆的结构支撑仍然非常脆弱，而且 30 年后因为长期被辐射照射，石棺也会逐渐变成放射源。所以，2012 年 4 月，独立于反应堆的二号石棺开工建设，2016 年 11 月建设完成，耗资 9.35 亿欧元，其寿命大约 100 年。爆炸发生 30 年后，切尔诺贝利事件终于可以宣告平息。

III 灾难过后的反思

虽说石墨沸水反应堆的设计是造成灾难的一个因素，但事故主要还是人为因素导致的，如果一切按照安全流程操作就不会出什么问题。我认为节省成本的设计也无可厚非，人为官僚因素的隐瞒，是导致起初国家高层反应迟缓的原因。当高层意识到问题的严重性后，整个国家又一次被全部动员起来，百万人不惧辐射的危险前赴后继地投入救灾工作中。总计有60多万苏联人获得了切尔诺贝利事故抢险奖章与勋章，几十万民众的撤离也是政府组织车辆运载，并不是一句让民众自行撤离的通告。

我认为，此时的苏联即使在冷战的大背景下，做到了它能做到的一切，控制住了事故对世界的危害。苏联政府为处理事故花费巨额金钱，官方统计的直接经济损失是2 000亿美元，并且在其他因素的结合作用下，苏联经济遭受了严重且难以逆转的损失。

回顾人类的历史，其实灾难从未停止过。无论是地震、火山爆发这样的自然灾害，还是世界大战、生化危机、核威胁这样的人为灾难，抑或是外生伴随内生的灾害，我们全体人类正在以及即将面临的威胁，还包括物种灭绝、生态崩溃、资源短缺、气候变化、粮食不安全、AI失控、越来越难以预测且暴发频繁的流行病等等。这些潜在的危机，很有可能在未来的某段时间，再次把人类社会推向崩溃的边缘，甚至消灭人类。

面对危机，我们应该如何去面对呢？很多人在灾难的恐怖景象下，会丧失理智，去埋怨、去问责、去寻找所谓的坏人。构建故事需要正面与反面的角色，因为简单的正邪标签化区分能简化思考的难度，也能带动人们的情绪，达到讲故事的目的。史前时代，人们情绪化的行为方式可以对环境的变化做出快速反应，但现代人类社会需要更多的是客观冷静的思维方式。理性思考，我们才会发现事物的两面性；去除情绪化，我们才能对事物有清晰的认识，做出正确的判断与抉择。

当核能的潘多拉魔盒被打开后，核武器的恐怖力量一度让很多人，包括曼哈顿工程的科学家，都认为自己点错了科技树，会导致人类走向毁灭，而核电站的事故也让普通大众反对核电站的使用。但是大部分能保持客观思考的人，依然在大力支持发展原子能技术，这是为什么呢?

因为核武器带来的威慑，其实是当前世界和平的基石。核电站代替火力发电，更是在很大程度上减少了我们对环境的破坏。发展更安全、更高效的核能利用技术，依然符合全世界的需求。人类的发展总会遇到问题，但遇到问题不是停止发展的理由，科技就是在这些问题的产生与解决当中不断进步的。

从切尔诺贝利核电站事故中也可以看到，灾难发生后总会有人挺身而出，解除危害，人类易于被组织的特性也让我们总是能团结起来，集中力量渡过难关。而在事故的处理过程中，我们又会学到更多的发展经验。大多数反制与抵制发展的行为其实是情绪化的思维导致的短视造成的现象，我们要做的就是运用理智去建立信心，直面困难与挑战去建设我们心中的未来。

一场极少数人的金融游戏，让世界经济险些崩盘

还记得2008年吗？那是不平静的一年。年初，中国南方冰冻灾害牵动人心；年中，"5·12"大地震让人撕心裂肺；8月，北京奥运会全球同聚……这些事情令人记忆非常深刻，犹如昨日。与此同时，世界也在经历一次惊世骇俗的危机。数千亿财富化为乌有，几千万劳动力人口失业，美国国债陡增1倍，世界贫困人口增加5 000万……

这一切源于华尔街的大批信用违约，最终演变成全世界的经济萧条。

先是美国大量债务违约，房贷无法偿还；继而银行倒闭，金融市场恐慌，资本逃离；最后制造业银根断裂，衰退和失业接踵而至。由于美国金融力量分布全球，所以经济衰退演变成全球性问题。

这场经济危机影响深远，造成了世界力量转移的开始，确定了当前的世界格局，某种程度上也奠定了当前世界贸易矛盾的结果。

在这篇文章中，我们一起回顾一下这场席卷全球的经济危机事件，同时也借此了解经济运行的深层决定因素。

||| 经济危机的"祸根"是如何埋下的？

先简短说一下广义上的经济危机。经济危机是指一个或多个国民经济或整个世界经济在一个比较长的时间里不断收缩，是资本主义经济发展过程中周期性爆发的产能相对过剩。这个过程相对的不是需求，而是消费者的购买力，这也是资本主义社会特有的现象，根本原因是生产的社会化和生产资料私人占有之间的矛盾。

本来按照亚当·斯密在《国富论》中的设想，在自由经济奠定了市场的自动控制下，每个人的利己行为都会转化成促进经济蓬勃发展的因素，让每一个人都变得富裕。可他将人设想得过于简单，完全竞争市场只能是理想情况。熟练应用信息不对称或者坐拥先天优势的人，就会更具竞争优势。这时，市场就不再会公平分配资源，而是造成赢家通吃的现象，进而贫富分化加重，财富不可避免地流向所谓的精英阶层。工厂产能增大的最初结果，是让资本和财富流向资本家，而资本家作为自然人却没有那么多需求去消费商品，而真正有需求的普通大众却支付不起属于资本家的商品，市场的失调就此产生。

逐利的资本家不会将商品降价给普通人低价囤积商品的机会，所以他们宁可让商品烂掉，也不会降价销售。

也就在这种时刻，计划经济的统一生产、公平分配才显得那么先进。

自1825年英国第一次爆发普遍性经济危机以来，资本主义经济从未摆脱过经济危机的冲击。同时，随着全球经济连接日渐紧密，经济危机的烈度和广度也呈现逐渐放大的趋势。

"二战"后，金融业蓬勃发展，为世界带来经济动力的同时，也因为其复杂性带来了很多不稳定因素。资产的证券化使得资本的价值在一定程度上，并不完全取决于它所支持的生产力，而是依附于赌徒般的群体信息。信息的缺失就能造成股票崩盘，资产价值下跌，从而引起全社会的恐慌，反过来影响实体经济。

虽然巨大经济体已经掌握了运用财政政策和货币政策控制市场的方法，但是政策的决策者依然是人。人的不确定性以及短视，在经济领域经常会造成矫枉过正的结果。解决当前问题的举措又会因为蝴蝶效应为下一次问题埋下祸根，经济全球化会将问题无限放大，这就是现代社会经济问题的症结所在。

在总体上了解了经济危机之后，我们再来看看2008年的经济情况。相信经历过那段时间的人大概会了解到，这是因为银行将钱贷给了大量还款能力较差的人，随后大量贷款到期没有被偿还造成了经济危机。

其实金融业本身并不会产生实际的社会财富，而是将财富与资源分配到更需要它的地方，让闲置财富发挥出更大的价值。初期在华尔街做证券发行、设计金融产品以及衍生品的投资银行规模都很小，且很多，同行业的竞争并没有让其成为多么利润可观的行业。这样的金融市场让社会资源分配更具效率，金融业的繁荣也支撑了美国战后的强势。

竞争的不平等必然造成部分投行的壮大。自20世纪80年代开始，银行兼并现象逐渐增加，大量投资人的钱流入投资银行。试想一下，一个调配社会资源的行业逐渐凝聚成一股力量，因为其私有制的特性，作为自然人的公司所有人，必然会借此捞取利益。在美国这样的金权社会里，资本家的壮大可以直接反作用于政府的决策。毕竟美国总统竞选以及政策执行都需要资金支持，需要发行相关金融产品集资。

▌华尔街的"魔幻操作"让危机初显

1981年，时任美国总统里根，将美国财政部部长之位指派给美林银行CEO，后来这一职位就经常由现任或前任来自华尔街的职业经理人担任，随后就是各种放松对金融业的监管，以及废除反垄断法令。例如，允许金融机构动用客户的储蓄进行风险投资，放松对金融衍生品的审查，并任由投资银行合并壮大。

壮大的结果就是，金融机构决策失误的风险直接作用于整个市场。他们的决策不受监管，同时还增强了对社会其他组织进行游说的能力。当一家企业的规模过于庞大时，该企业一旦出现经营不善，就会撼动整个国家经济甚至全世界的经济。这就意味着，它会得到政府的保护。

20世纪90年代，商品期货交易委员会曾试图将金融衍生品市场纳入政府的监管，但遭到了时任美联储主席格林斯潘以及财政部部长兼哈佛大学经济学教授亨利·萨默斯的全力反对。后来格林斯潘连任美联储主席，亨利·萨默斯又兼任了哈佛大学校长。

在这之后，很多经济学期刊几乎在同一时间发表了大量关于监管会阻碍市场发展的文章。美国经济决策的最高层，包括经济学界，已经被华尔街的金融势力完全掌控。

到了2000年，美国的金融机构逐渐合并为几家富可敌国的金融集团，包括五家投资银行、两大财团、三家保险公司，以及三家信用评级机构。这些金融集团也组成了证券交易的利益链，掌控并管理着来自美国以及全世界投资人的上万亿美元，并向全世界放贷。

在传统的借贷关系里，放贷人会评估借款人的还款能力，谨慎放出贷款。可是在证券化和金融衍生品这些工具被华尔街熟练应用之后，这一情况发生了变化。在新借贷关系里，商业银行可以将抵押贷款出售给投资银行，投资银行可以将成千上万的抵押贷款合并打包成证券或者金融产品，包括房贷、车贷、企业贷和信用卡贷款。这种将贷款打包成的金融产品统称为"抵押债务责任"，简称CDO。投资银行再将打包好的CDO出售给投资人，赚取服务费和利息价差。所以，此时借款人相当于给全世界的投资者还钱，房产企业、商业银行和投资银行是此交易链的中间商，也是这个交易链条的实际控制者。

当一笔贷款变成产品出售给投资人后，借款人是否能还款，与这些中间商已经没有关系了。但是对于投资者而言，这个金融产品是否值得购买就成了一个问题。无数贷款经过这么多中间商以及掺杂了各种不同的贷款之后，其风险大小已经无法判断，这时信用评级机构对金融产品的评级就成了重要的参考指标。可华尔街权威的评级机构同样是私人企业。后来的调查显示，投资银行会付钱给这些评级机构，让它们的债务责任产品CDO获得了"AAA"的最高信用等级，和国债一样安全，让众多投资者打消了顾虑。

三家主要评级机构的利润在CDO发行的几年里增长了4倍，与此同时，华尔街的保险公司也参与进来。美国国际集团（AIG）是当时世界最大的保险公司，它针对CDO推出了衍生品——信用违约互换，简称CDS，相当于为CDO的风险投保。购买CDS之后，投资者的CDO一旦出了问题，美国国际集团会做出相应的赔偿。

在三大信用评级机构和美国国际集团的保证下，CDO成了最热门的投资产品，一度与养老金的购买率持平，价格也因炒作水涨船高。

对于高盛、摩根士丹利、雷曼兄弟等投资银行来说，买入更多的贷款就意味着更多的CDO可以被生产出来，且销路不愁，只要出售就会有巨额收入，还款风险也可以完全转嫁给投资人。于是，投资银行和商业银行开始压低首付率，吸引更多的人贷款，并不再拒绝还款能力较低的人。

为了刺激经济，美联储在2000年后的几年中逐步下调基准利率接近1%，很大程度上消除了贷款者眼前的顾虑。对于美国国际集团来说，有了"AAA"的信用等级，就能大量地销售CDS。同时，他们还重新设计了此产品，让没有投资债务责任CDO的客户也可以购买他们的产品，也就是说，任何人都可以通过美国国际集团对CDO进行投保。于是，对CDO反向投保的订单也开始涌入美国国际集团。

抵押债务责任CDO的生产过程没有政府的监管，商业银行、投资银行和信用评级机构都可以不用对此交易负任何责任，这就是一个巨大的定时炸弹。美国国际集团等保险公司面对如此庞大的市场，也将风险抛之脑后，积极地为此交易设计保障产品。反正当前有高额的利润，赌一把就可以大赚一笔。产品推出的前三年，美国各种抵押贷款的总量就增加了4倍。这些贷款也尽数被证券化流入资本市场交易，且在逐渐递增。

大量的美国人以极低的首付就可以住进宽敞的房子，因此房产需求增加，新一轮房地产泡沫也就此形成，由金融产品和房价组合形成了美国史无前例的经济泡沫。很多购房者95%以上的房款都是靠借贷，还款能力较差的次级贷款的年交易量，从1996年的300亿美元增加到2006年的6 000亿美元。这个泡沫几年来的增长也为华尔街带来了成百上千亿美元的利润，销售这种非正常的CDO最多的是高盛集团。2006年，高盛的CEO亨利·保尔森被布什总统任命为财政部部长。

2007年年初，第一批债务开始集中到期，债务拖欠如期而至。就在这个情况初露端倪的时候，作为这一体系始作俑者之一的高盛集团开始大量借款购买美国国际集团的信用违约互换，为自己创造却并不持有的CDO反向投保。高盛买下220亿美元的信用违约互换产品，从而赚得成倍的赔付率。

摩根士丹利投资银行业为自己的CDO做了各种做空行为，就是期待CDO的崩溃为自己带来巨额的利润。而美联储根据经济周期从2004年开始一直加息，将基准利率从1%提高到了2007年的5%，这就成了压垮骆驼的最后一根稻草。因为次级贷的金融市场不受监管，所以美联储的决策层并未认识到其规模，也就没有预料到接下来的后果。

III 危机的始作俑者，却成了受益者

由于高额的房价和利息，买房人即贷款人已无力承担。而商业银行发不出贷款，就无法向投资银行出售贷款，抵押债务责任CDO构成的资产食物链开始断裂。

2007年3月，美国最大的次级放贷公司——美国国家金融服务公司（Country Wide Financial Group）宣布濒临破产。当贷款人不再向持有债务责任的投资人还款时，投资人倒下了，CDO价值缩水。2007年7月，标准普尔评级机构终于下调了CDO的评级。这引发了全球进一步的恐慌，与此有关的欧洲金融机构相继卷入，坏账、违约大量出现，部分反应较慢的投资银行，如雷曼兄弟、美林银行、贝尔斯登等手中还持有千亿美元的CDO和被收回的不动产均被套牢，无法销售。美股大跌，2007年下半年，西方各国政府开始对金融市场注资，但仍拦不住经济下行的

颓势。

2008年年初，因为贷款无法偿还而造成的资产赎回开始激增，经济崩溃开始了。投资银行方面，首先耗尽资金的是贝尔斯登，3月进入破产重组和等待收购的程序，后来勉强由摩根财团收购。

股市崩盘，同时造成了房价的崩盘。美国两大房企房利美和房地美处于破产边缘，政府机构欲将其收购。9月15日，美国四大投资银行之一的雷曼兄弟股价触底，陷入严重的财务危机，濒临破产，但没有愿意收购它的买家，美国财政部宣布其破产。雷曼兄弟在全球庞大的金融业务瞬间废止，成千上万笔交易直接作废，导致更加严重的金融危机来临，全世界靠其生存的上下游产业遭到毁灭性打击。此外，更多的银行资金耗尽，恐慌情绪让大量民众从银行将储蓄取现。

此时，依赖银行生存的制造业资金链断裂，以通用集团为首的工业制造业企业出现流动性危机，压缩生产并开始裁员。经济崩溃，使各行各业如多米诺骨牌般倒下，投资者信心的丧失迅速使整个西方世界的金融市场瘫痪。2008年，冰岛的GDP是130亿美元，而它的银行业损失高达1 000亿美元，整个国家破产；中国的出口贸易也在危机中下降了70%；美国的金融体系已经处于冻结状态，再也没人能借到钱了，之前还在进行的大量交易也无法继续。

2008年10月，美国政府终于通过法案，向市场注资8 500亿美元。其中1 500亿美元输入了美国国际集团，让它照价赔付自己的信用违约互换。因为如果这个世界最大的保险公司倒下，受其支持的美国各大公共交通，包括航班、火车，都得停转。

资本家疯狂交易埋下的恶果，被政府用纳税人的钱偿还了。其中，扶持美国国际集团借的资金过半支付给了高盛，以赔付其购买的CDS。

其实，美国政府注入市场的8 500亿美元，大部分也是先给了这些私有银行，希望它们把钱贷出去恢复经济运行。而高盛和J.P.摩根利用这次机会大量并购小银行，使得它们比经济危机前变得更具实力。所以说，危机的始作俑者成了危机的受益者。

2008年年底，欧美的失业率超过10%，成千上万的失业者或者收入下滑的人无力偿还贷款，房子被收回，无家可归。中国因为制造业订单下降，国内1 000万打工者失业，经济增长速度也从之前的两位数降到了9%左右。最终，在这场经济危机中，普通人承担了所有损失，华尔街高管们的个人资产没有受到任何影响。

2009年奥巴马上台，竞选时指责华尔街的贪婪，并承诺加强监管，整顿银行业。但具体措施实施的时候却受到很大阻力，最终不了了之，因为这就是金融政权控制的政府。奥巴马最终任命盖特纳为财政部部长，后者在金融危机期间的纽约联储担任银行行长，其他与经济相关的政府职位大多留给了华尔街财团的弄潮儿，比如首席经济顾问正是当年废除监管的始作俑者之一——拉里·萨默斯。

一个金融工程师的收入可以十倍、百倍于一个真正的工程师，真正的工程师建造桥梁道路，金融工程师建造美梦。可是当美梦变成噩梦时，却是真正的工程师这样的人为此付出了代价。

现今，金融危机的始作俑者依然大权在握，资本世界的贫富分化依然在加剧，中产阶级日渐衰落。

　　对于中国而言，那次经济危机是挑战也是机遇，4万亿元注入市场稳住经济的同时，我们也开始积极调整产业结构、扩大内需，减少对出口的依赖，促进产业升级，助力高附加值产业兴起。科技与教育成为发展的重中之重，基建也更加"狂魔化"。现今，我们的工业总量位居世界第一，产生实际财富的制造业成为中国的名片。部分科研、军事等领域已经开始领先世界。亚投行的建立与"一带一路"倡议的提出，增加了世界各国走向富裕的途径，人类命运共同体的概念逐渐得到国际认同。当美国开始封闭自己的时候，我们正在更加自信地向世界开放。

CHAPTER 4

一项科研技术最关键的问题不是掌握这项技术需要的时间与投入的金钱，而是要能知道它是可实现的。

THE FUTURE TECHNOLOGY, HOPEFUL OR DANGEROUS?

未来科技是洪水还是诺亚方舟？

我们距离找到外星文明还有多久?

　　1950年的一天，诺贝尔奖获得者、物理学家费米在和别人讨论飞碟及外星人问题时，突然冒出一句："他们都在哪儿呢？"也许哪天你的女朋友突然冒出来这样一句话，你还会觉得她是个好奇宝宝，但是这话从科学家口中说出来就显得不一样了。当这个问题引起关注之后，它突然就变成了一个细思极恐的问题，并逐渐被总结为著名的"费米悖论"。在这篇文章中，我们将围绕这一问题，科学地寻找一次外星文明，并反向思考一下我们的未来。

||| 一条公式告诉你，发现外星文明的可能性有多大?

　　作为一个悖论，费米悖论当然有一个完整的思维过程。首先，以地球文明为例，地球从形成到现在大约经历了46亿年，生命大约出现在35亿年前，大约21亿年前出现了多细胞生物，而有细胞核的真核细胞出现在15亿年前左右；约4.6亿年前与3.7亿年前植物、动物相继出现在陆地；约2亿年前爬行类动物恐龙大发展；约3 000万年前猿类出现；约15万年前智人（现代人）的样貌基本定型；1万年前农业出现，文明开始发展；5 000多年前苏美尔人开始将简单的文字符号刻在泥板用于记录；300年前左右人类学会大规模使用化石燃料，文明开始加速发展；半个多世纪前人类登上月球。从这一系列地球文明的关键时刻可以看出，地球文明是在加速发展的，尤其是近年，只需几年时间，生活就有很大不同，这在过去是不可想象的。从整个宇宙138亿年的发展演化来看，只要有一种文明，哪怕起步比我们早1亿年、1万年，甚至只是1 000年，文明以指数级发展速度预测，这个文明应当早已发展成星际文明，并充斥宇宙。但是，我们人类无数次仰望星空，全力探索，建造超大的望远镜与信号接收器聆听宇宙近一个世纪，仍然没有发现任何地外文明的痕迹。

一个文明的响声都没有，这一思维实验与当前观测事实完全相悖，这是为什么呢？

可能的解释有很多，其中不乏一些基于科学以及社会学的深度猜测。第一个最简单的解释就是，生命是宇宙中最为特殊的现象，以至于地球是唯一一个孕育出生命的地方。虽然这样的解释不能让大多数人接受，但这确实是基于当前观测事实的最简单解释。如果想要一个更科学的解释，我们就需要知道宇宙中有多大可能存在能与之交流的文明。美国科学家法兰克·德雷克于1960

年提出的一条公式用来推测"银河系内可能与我们接触的外星球高智文明的数量"，被称为德雷克公式：

$$N = Ng \times Fp \times Ne \times Fl \times Fi \times Fc \times FL$$

公式的意思是，银河系内可能与我们通信的文明数量＝银河系内恒星数目 × 有行星围绕的恒星所占比例 × 每个恒星系中类地行星平均数目 × 有生命居住并能进化的行星比例 × 低级生命演化出高智生命的概率 × 高智生命能够进行通信的概率 × 科技文明持续时间在行星演化生命周期中占的比例。

这个公式看起来很简单，但是当前还无法求解，不涉及生命的参数我们可以通过取样当前可观测的宇宙获得，但涉及生命的参数当前的样本只有地球，地球上的概率都是1，其他能考察的地方都是0。由于考察的数量实在太少，对于研究整个星系来讲并不能作为有效参数，所以只能先假设某些参数的量。

首先银河系之外，距离我们最近的星系有200多万光年。由于光速极限原理，我们直接假定与银河系之外文明交流的可能性为0，银河系恒星数目Ng约为4 000亿，不涉及生命的两项参数Fp、Ne以当前实验样本观测数据估计大都在10%，那么符合条件的类地行星数目还有40亿。紧接着Fl、Fi、Fc，即行星出现生命的可能、发展出智能的可能性以及智慧发展出通信能力的可能性，这三项还无法估计，因为智慧怎么定义都还没有很明确。我认为出现生命的可能性很高，自然状态下漫长的有机化学反应估计就能完成（虽然实验室还未成功），但后两项一起实现却并不容易，毕竟地球生命已经出现了35亿年，而生物的多细胞大型化只有大约3亿年，智能通信只是100年左右的事情。虽然有些科学家对这三项的乘积曾有1/300的乐观估计，但保守起见，我们将其假定在万分之一，这样符合条件的可能性还有40万种。

接下来就是最恐怖的一项FL：文明持续时间占行星演化周期比例。高度发展的文明能存在多久，高级文明发展的同时伴随着破坏环境以及毁灭性力量的掌握，这些我们人类都有深刻体验。这样的文明，或者说这样的物种，即使没有遇到灭绝史前生物那样的天灾，也随时都有可能瞬间被自己终结。根据地质变化以及化石样本，我们也可大致了解地球生命在大尺度上的演化历史。但是，假如过去有某一种生物出现1万年后顿悟基本科学原理，开始快速发展，又在1 000年内自我毁灭，其毁灭方式的特殊性可能让他们并无大量化石留存，这样的历史如果尘封进地质年代，几亿年后是不会留下什么文明痕迹的。因为即使是金字塔、万里长城这种坚若磐石的宏伟建筑，百万年内也会被自然之力彻底抹掉。生物多样性的恢复十几万年就能实现，也许地球已经经历过多次智能文明，但都是昙花一现，我们人类并没有发展多久，还不能将你我算作例外。如果一个星球上达到星际通信能力的文明存在时间平均只有500年——这里说的星际通信的能力仅仅指文明的存在能被自己恒星系外的文明探测到——以上面得到的比例计算，当前银河系内科技文明的数量只有0.5个，基本可以断定就是我们了。

这一切都只是可能性的猜测，误差大得几乎是数位上的好几个0，并不能作为精确的参考，只是给予我们一种思考的方式。但是问题还没有结束，如果实际情况是银河系内有很多文明，我们就真能与之交流吗？

Ⅲ 我们和外星人可能存在多大的差异？

我们最先想到的可能是星际生命之间的巨大差异，这种差异已经不是两个物种之间的简单差异。我们可以思考：外星人是细胞结构的生物吗？他们有固定形态和大小吗？其实这都无从定义，但生命至少是一个复杂的并与周围环境产生选择性物质交换的个体。

我们能想到构成宇宙的物质，即由质子、中子、电子组合而成的元素起码在整个宇宙中是一样的，相同原子的物理特性并不会有什么不同。而地球生命的物质基础——碳元素，由于碳原子（C）最外层4个电子的结构以及所有原子最外层8个电子最稳定的事实，使碳原子能形成4个稳定的共价键，这已经是元素形成化学键数量的极限。而这个特性又使碳原子能形成C—C长链分子的同时，两边还能最大限度携带各种复杂功能的官能团，如苯环、酸根或者其他大型碳链，还有类似C=C这种更稳定的结构。这是复杂有机大分子形成的基础，这个分子的复杂程度也是有机体实现各种复杂功能的保障。

而与碳同族的硅等元素最外层电子虽然也能形成4个稳定的共价键，但是由于硅原子核外电子层数比碳原子多一层，原子核内质子对最外层电子由正负电荷引起的电磁力也就较弱，所以其共价键并不如碳稳定，难以形成超长的硅链。举个形象的例子，碳碳键就相当于两个正常人手挽手站在一起，硅硅键就像是两个大胖子用小拇指钩在一起。在生命的竞争中或者说大分子形成的竞争中，硅基生命当然不如碳基生命竞争力强。

所以，在确定生命很大可能是碳基生命以后，类似的氨基酸、蛋白质、核苷酸等在自然状态下就能生成有机物也就顺理成章。也许液态水适合的温度范围很小，导致其在宇宙中不是很常见，但是生命对水的需求可以被其他轻巧的液态物质取代，我们可以看到土星的第六大卫星土卫六上由液态甲烷形成的海洋，毕竟水最重要的作用是给各种生命活动的化学反应提供场所。氧气也可以被替代，毕竟在古老的地球上，氧气对原始生命来说是毒气。地球历史上第一次物种大灭绝就是氧气大量产生所致。只是基因随机突变加上自然选择的进化原理让生命越来越适应氧气的环境，氧气参与反应时超强的夺电子能力也从死神变成了现在生命活动的关键。综上所述，基于生命该有的特性，星际生命的差异并不如我们想象的那么大。

　　当然，随着文明的发展，思想和意识能以数字信号存在于计算机当中，或者以光伏信号存在于恒星里。当然，这些想象是当前科学分析无法企及的，我们就不展开讨论了。

　　现在各种条件已经调节完毕，外星生命可以存在，而且差异不会太大，很大可能是个碳基的有形个体，而只要生命存在就有可能出现文明，因为有效的生存方式就是群居并产生集体协作的生存策略。虽然发展出科学概率不大，但在恒星基数很大、时间尺度上亿年的条件下，概率再小的事件也可以算作必然事件。

　　那么他们在哪儿？怎么发现他们？我们该去发现他们吗？为什么没有看到任何关于他们的蛛丝马迹？

　　如果假定他们真的存在而且数量不少，我们就能知晓他们的存在吗？指数级的科技发展速度应该早已让他们充斥银河系，还有什么原因让我们看不到他们？

III 黑暗森林理论

《三体》中给出了最拟人的解释：黑暗森林理论。

作者刘慈欣给出了一个从公理到定理的完整的推导过程，我们将他的思维实验整理一遍。

首先是两条公理：

1.生存与发展是文明的第一要务；

2.文明不断扩张，但宇宙中的物质总量保持不变。

其次是两个基于人类思维的重要概念：

1.技术爆炸；

2.猜疑链。

技术爆炸是指每一个蒙昧的弱小文明都有可能在某一天突然开窍，解放思想让技术在短时间内取得突飞猛进的发展。这就类似文艺复兴、大航海之后的人类文明，也是费米悖论的基础。

猜疑链是指双方都知道对方存在，但无法获得对方的信息，此时就需要猜测对方可能的动机。比如，战争中一个掉队的士兵步入漆黑的丛林，前方突然出现微弱扰动的头灯灯光，于是他意识到此时自己的头灯也亮着，也就是说，对方也即将发现他或者已经发现。此时，他需要判断对方是敌是友，是敌人就要尽快消灭。如果根据掉队时间判断是战友，他脑子里很快冒出的念头就是"对方认为我是敌是友"以及"对方认为我在猜测他是敌是友",如此下去将会陷入无止境的猜疑链条之中。

当然,现实当中士兵可以通过对暗号等方式进行交流来斩断猜疑链,但把这种情况放大到宇宙中,遥远的距离以及光速的上限让交流或探测变得无比低效或者不可能,猜疑链仍然发挥着作用。

而之前的两条公理又得出:因为宇宙物质资源有限,文明之间都会有争夺物质资源而消灭对方的动机;技术爆炸又导致了即使作为相对高级的文明,弱小文明当前没有可能威胁自己,但是也有可能在短时间内实现技术爆炸,从而超越自己。而且由于距离遥远,以光速传来的观测图景估计已经是千百年以前的,说不定对方早已发现了我们的存在。只要是个文明,当你发现对方之后,由于光路可逆,对方早晚也会发现你。

综上,在宇宙文明之间,一旦发现对方文明的存在,就是一个永恒的威胁,必须先发制人将其消灭,同时还要隐藏好自己,以免被消灭。当然,有人会问:是否可以尝试交流以达到共赢?这样的结果是更好的,但是在这样充满不确定性的宇宙关系里,交流的风险双方无法承受,只有消除对方才是最稳妥的做法。相应地,隐藏自己生存下去是宇宙中文明的第一要务。所以我们没有发现外星生命,是因为他们在隐藏自己,更恐怖的则是他们见人就杀。

当然,这样的图景只是一种可能性,这也完全是我们人类的思维方式,何况宇宙中的物质总量也不一定就是保持不变的,技术爆炸在当前也只是一种经验之谈。以人类这几百年的发展作为样本显然取样太少，不具有代表性。刘慈欣也在采访中表明，将宇宙描绘成这样，也是因为这样写能吸引更多读者，一个正义终将战胜邪恶的宇宙实在幼稚、乏味。

III 比房子、车子更该关注的是科技的发展

说到技术爆炸，我们之所以感觉当前的生活日新月异，其实都是因为所有产业当中的一支——信息互联网产业在迅猛发展，尤其是中国这种人口庞大的国家，更是互联网产业生存的沃土。因为我们科技发展的底子本身较薄，所以科技的追赶效应也能带来生活持续变化的感觉。但实际上，能源、动力、材料、半导体等领域，以及最重要的基础物理学的发展已经缓慢到接近停滞，摩尔定律已经失效，半个世纪前阿波罗计划使用的"土星5号"运载能力超越了当前的所有火箭。

由此就引发出另一个关于费米悖论的猜想：发展障碍。

大家可以了解下"可控核聚变技术"，这项技术被科学家视为人类能否长久发展下去的关键，很多学者也呼吁全世界的科学家加大投入力度，联合起来攻克这项关键技术。但如果客观事实是，可控核聚变如同永动机一样，从客观上讲本不可能实现，那么人类只能继续使用化石燃料以及低效的太阳能、风能。也就是说，我们只能被禁锢在地球上。

其实，一项科研技术最关键的问题不是掌握这项技术需要的

时间与投入的金钱，而是要能知道它是可实现的。就像做题一样，首先你得知道这道题是有答案的，题没有出错，你才会想尽办法去攻克。

在美国曼哈顿工程之前，没有人知道原子弹在理论上是否能实现，这就要付出巨大的努力去研究和尝试，还要承担难以想象的投资风险。当然，第一个掌握某种技术的国家也会获得巨大的收益。而后来者的摸索与仿制会容易得多，但获益也会受限。所以，当某项关键技术从客观上讲根本不可能实现的话，文明发展就会遇到无法突破的障碍，技术爆炸理论也就被彻底扼杀，费米悖论就会不攻自破。

人类在200年前第一次发射出电磁波，也就是说，人类的信号已经传播了200光年，但是以当前人类所能使用的最大功率电磁波发射器进行通信，信号传播经过2光年的衰减就被宇宙背景辐射的噪声彻底淹没，我们人类的设备已经侦测不到了，我们的信息也就大概能传播到太阳系边缘的奥尔特星云。

发展障碍以及宇宙空间的尺度把文明彻底隔绝开，任其自生自灭。

也许宇宙中生命的发展有很多障碍，这些障碍就像一道道宇宙生命过滤器，原核细胞到真核细胞是进化的一次筛选，单细胞到多细胞是一次筛选，大脑神经的发展以及意识的出现可能都是生命发展的"瓶颈"，我们人类现在是走过了这些筛选，但未来过得去吗？看不到任何外星文明的事实可能就是一个巨大的遗憾。

实际上，当前关于今后的科学技术发展是指数级增长的论断比较片面，100多年前诞生的量子力学和相对论仍然在当今物理学界有着举足轻重的地位，中学学生还在牛顿的经典物理学的知识里抱怨考试。应用科学的发展当然富足了我们的生活，可是当基础知识储量渐渐被用完，没有新增知识补充的时候，发展速度当然会减缓。也许就如同生物群落增长曲线一样，文明的发展也是一个"S"形的曲线。当前的发展刚刚过半，看来像一个"J"形的指数增长，所以我们不能一直抱有这种幻想，未来不一定就是美好的。

由于人的幸福感不是来自存量，而是来自增长，可能现在就是人类最繁荣幸福的黄金年代，我们还是要珍惜当下，重视环境保护，同时要改变对待科学发展的态度。科学技术不是自动在发展，研究当中人力、物力的投入以及全社会对科学技术的关注都必不可少。

总是有人对类似天眼这种巨型射电望远镜以及大型粒子对撞机的投入研究嗤之以鼻。当前的科学发展停滞的景象已经逐渐凸显，想要获得增长就需要更大的投入与努力，天眼可以帮我们了解宏观宇宙的知识，粒子加速器可以为我们揭开微观世界的面纱，新的认识是获得知识的基础。

关于费米悖论的联想就这么多，部分观点也是本人的一己之见，希望能对大家有那么一点的启发。

小小芯片，是如何挑逗各国神经的？

芯片是一项关键且大家不陌生的技术，现代生活就是由无数芯片悄无声息地为人类的活动进行着海量的运算，带给人类巨大的便利。只是，这样的运算如空气一样充斥在我们的生活中，普通人也没有注意到日常可见的无数电子产品中蕴含着怎样的尖端科技。不过近几年，随着美国的各种反复无常，芯片作为其最核心的、近乎独门的技术，已成为其震慑世界的终极筹码。如空气般存在的芯片，突然被别人控制，给世界各国窒息般的感觉。我们就好好地从科学和市场两个层面了解一下芯片业的来龙去脉，建立足够的认识，由此建立起看待当前问题该有的思维方式。

||| 芯片的作用原理是什么？

为了对芯片刨根问底，还是从原子结构说起。

在讲关于费米悖论的文章中，我推测过生命形态的可能性，由此比较了碳元素和硅元素，硅原子的核外电子层数比碳原子多一层，主要体现元素化学性质的最外层电子距离原子核较远，导致硅元素原子核对最外层电子的控制能力相对于碳元素较弱，所以不如碳稳定。两者之间，最外层都是4个电子，都能形成4个共价键，但最终是碳形成了生命的基础，而不是同族的硅元素。如果元素最外层电子容易失去，宏观上就表现为导电性。主要原因是，原子的核外电子排布是按照由内而外、充满一层后再排下一层，而最外层电子刚好充满时元素最稳定。当最外层电子较少，原子干脆失去这最外层的所有电子，以达到稳定状态，就表现为容易失去电子。相反，最外层电子较多时则容易获得电子，因此又分成了金属元素和非金属元素。除了元素周期表第一层的氢、氦以外，其他原子最外层达到8个电子就成了最稳定的状态。比如，钠原子失去最外层的一个电子变成钠离子，氯原子刚好获得这一个电子成为氯离子，此时两个原子的最外层都达到了8个电子的稳定结构。随后两个离子表现出异性电荷，通过电磁力吸引在一起成为氯化钠，也就是食盐。这种原子结合方式叫作离子键。

另一种结合方式叫作共价键。原子的核外电子本身就会自发地两两结合，形成纠缠的电子对，这时不同原子之间可以共用核外电子形成电子对，使最外层成为8个电子稳定态。

例如，气体分子，氮的最外层是5个电子，其中3个电子与另外1个氮原子的3个电子形成共用电子对，这样对于1个氮原子来说，最外层也是8个电子稳定态，氮气分子就此形成。至于电子为什么会自发形成纠缠的电子对，这涉及量子力学，以后再说。

但是对于碳族，最外层是4个电子，处于中间位置，不易失电子也不易得电子，于是半导体概念由此形成。碳族元素最外层电子，随着电子层数的增加，越来越容易失去电子，硅以下逐渐变成容易失电子的金属元素。在整个元素周期表中，硅——因为它特定的核外电子数以及适合的电子层数，成为最良好的半导体材料。

所以我认为，硅基生命和碳基生命不是一个形成原理，并不是因为能形成4个共价键，从而形成了结构复杂、功能强大的有机体，而是利用不完全导电原理，形成可控制逻辑电路，去实现各种生命功能，这个可以参考塞伯坦[①]。不过这种生命在自然条件下形成似乎比自发形成有机物还难，毕竟从感觉上来讲，变形金刚的有序度过高，也就是熵值似乎比动植物这种有机体低得多，是名副其实的低熵体。

在找到了最理想的半导体材料之后，如何把它变成芯片呢？

我们来看一下最简单也是最常见的电子元件——二极管。在基础物理层面上，我们将一块硅单质一边注入硼元素，一边注入

---

① 美日合作开发的《变形金刚》（玩具、动画、影片等系列产品）剧情中变形金刚的母星。塞伯坦又译作"赛博坦"或"塞伯特恩"。

磷元素，在特殊光线照射下，硼、磷与硅会强行形成共价键，硼最外层3个电子与硅最外层4个电子中的3个电子形成共用电子对，多出来1个硅的电子没有形成电子对，且此时通过共用电子作用，硅和硼的最外层是7个电子，还差1个，在磷这一边硅的4个最外层电子，与磷的最外层5个电子中的4个电子形成共价键。此时共用电子就已经有了8个形成稳定态，磷的一侧那个电子就多余出来，变成类似金属元素一样容易失去这个电子，这个电子就又运动到硼一侧，形成8个电子稳定态的趋势。不过，因为中间硅是半导体电子不会自发运动，这时如果外界加入一定强度，从硼到磷方向的电压，电子就会在电场的作用下开始运动，此时电路就会被导通。

但是，如果电压方向相反，这个原件就完全成为绝缘体，无法导通电流。因为让电子从硼运动到磷极其困难，违背了元素的最基本性质，这就是二极管单向导通的最基本原理。有了二极管就有了最基础的信号区分，我们将电流导通记为1，未导通记为0，第一个最原始的计算机语言就此诞生，这也是当前计算机唯一认识的语言。C语言、C++、Java、H5等，都是将这些0101的语言翻译成人类方便看懂的形式。

有了二极管就可以设计逻辑元件，比如"与或非"这种门电路。我们拿与门为例，假设有两个输入值经过与门的运算获得一个输出结果，它要实现的功能是两个输入值都是1时，它的输出值才能是1；只要有一个输入是0，它的输出就是0。这个我们用如图的电路就能实现。AB两点是信号输入点，高电位记为1，低电位记为0，在C点通入高电压，当AB两点的电压都为0时，相当于两个二极管都接入了向左的电压，此时电路导通Y点输出0电压。当AB两点一个为高压、一个为低压时，由于二极管的单向导通，低压对应的二极管依然导通，高压由于二极管的反向不导通，导致它对整个电路没有影响，所以整个电路是导通的。当Y点输出的电压依然是0，只有当AB两点都是高电压时，使整个电路没有电流，相当于一个等势体，Y点的电压也就是高压输出为1，与门的功能实现，我们也可以用同样简单的方法实现与门、或门、非门、与非门、或非门、与或非门、异或门。然后我们根据要实现的计算，将这些门电路集合起来，简单的逻辑算法经过成千上万甚至上亿这样的电路集中在一起，就能实现非常复杂的计算。

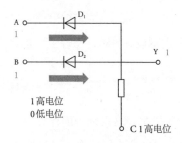

Y点的电压为1，与门的功能实现

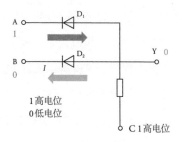

Y点输出电压为0

《三体Ⅰ：地球往事》中有一个场景，由于时间设置在了秦代，造不出计算机，主人公们试图解开运算量庞大的三体问题，于是让秦始皇的几千万士兵手持黑白棋，模拟0和1的信号。士兵们三三两两组成与或非门的运算元件，经过精密的设计，就组成了蔚为壮观的人列计算机。每一个士兵的智商，就只够一个简单的门预算，但将数以千万计的简单运算集合起来，就组合成了强大的运算能力，可以实现各种功能。

当然，人列计算机受制于人的反应速度，应该不怎么实用，毕竟就是给用脑电波交流的三体人才有的设定，芯片就是这些运算电路的集合，所以要大规模集成电路。这样的电路也在一代一代地升级更新，电路材料从开始的真空管演变成现在的晶体管。

||| 什么决定了芯片的质量和运算能力？

20世纪八九十年代，由于市场对电脑以及运算能力的需求激增，发达国家大量的资源被应用到了芯片的发展之中，电脑的核心CPU的发展呈现出爆炸趋势，其发展速度一度被总结为"摩尔定律"，是由英特尔的创始人之一戈登·摩尔提出的，即集成电路上可容纳的晶体管数目，每隔两年便会增加1倍。后来他又提出了18个月芯片性能增加1倍的说法。当然这只是观测现象，没有理论基础。

我们在显微镜下可以看到CPU上密密麻麻的电路管线，犹如一座科幻的城市，这样的东西是如何被造出来的呢？

我们可以看下生产芯片的英特尔工厂，由于所有工作都是纳米、微米尺度展开的，不能有丝毫灰尘，所以工厂里一尘不染，搬运机器人在头顶繁忙穿梭，人们拥有全副武装的防护，操纵并监控了芯片的制作。芯片的制作工序是先从二氧化硅开始的，也就是沙子中高温萃取单质硅，这里的硅呈现晶体结构，原子整齐地以共价键形式组合成巨大的分子，然后将硅切成薄片用于生产芯片。下一步是光刻，在硅片上均匀地涂抹一层感光材料，这个感光材料在强光的照射下会发生性质的改变。感光材料在被照射后性质会由不溶于水变成溶于水，根据先前的设计控制光线照射特定部位的感光材料，然后用水冲洗，这样就能得到露出硅单质的凹槽。这时候在特定区域掺入杂质粒子，比如刚才提到的制作二极管需要的硼和磷，逻辑电路也就在这样的凹槽中不断形成，而其余地方同样可以用感光遮盖的方法，用腐蚀液将硅腐蚀掉。慢慢地，这里就形成了一个个晶体管。而同样的工序可以不断重复工作无数次，得到的凹槽也可以掺入并沉积各种金属材料，形成电路中的导线、电容、电阻等元件，这样就能得到复杂的电路。数量庞大的电路汇聚在不到指甲盖大小的硅片上，大规模集成电路便应运而生。

从芯片制作工序中，我们可以发现最关键的就是光刻的精度与灵敏度，直接决定芯片的质量与计算能力。现在一根晶体管的尺寸，不到一根头发直径的万分之一，所以只有更加精确地控制，才能将电路设计师的想法在毫厘之间魔幻般地实现，光刻技术也就成了芯片大发展时期工艺竞争的前沿。

III 我国芯片产业发展面临的挑战和机遇

工艺的竞争随着科技的发展变得无比精湛以后，限制芯片发展的因素就又回到了设计阶段。

想象一下，要设计这么复杂的电路，去满足生活中方方面面的计算需求，人才就成了当前这个领域的核心。硅谷经过这十几年领先世界的发展，培养出了大批相关的人才，所以它的芯片技术能一直保持着一家独大的地位。

也许我国当前也可以研发出高级的光刻机去生产芯片，但最具价值的人才和技术却牢牢掌握在发达国家手里。人们普遍认为这种现状是投入不够、起步太晚、行业收益周期过长造成的，可这些都不是重点。

20世纪90年代末期，我国开始在科研方面发力，于是在军工、交通、制造业等领域取得了显著进步，中国各种制造业从低端做起，正在逐渐扩大市场积累，人才慢慢走向高端。但芯片业不一样，其更新速度太快，市场永远只需要最高性能的芯片。虽然芯片的设计工作和生产线的建立需要巨大的投入，但是由于新的芯片需求量巨大，同时也可以实现巨大的产量，成本很快会被巨额的交易量稀释掉，所以市场上充斥的永远都是最新且高性能的芯片。

这也是精密的芯片售价如此亲民的原因。如果我们在芯片业上从低端做起，就会立刻亏损。因为芯片几乎没有低端市场，即使存在这个市场，也会由于交易量太小，成本无法分摊，质量较差的芯片反而价格更贵，所以要做就做顶级的芯片。可是没有人才积累，这样的事情无法办到。其实整个电子半导体产业都有这个特点，这是电子产品总是几家独大的原因——凭借强大的科研能力保持更新换代的速度，想要追赶比其他行业和领域难很多。当美国政府先后下令禁止对我国两大通信企业出售芯片时，暂且不谈那些所谓的国际道德，这样的行为确实让两个庞大的企业进入休克般的状态。因为市场上短时间内不会有合适的替代品，所以事情的主动权就被掌握核心科技的美国拿到。

如果没有高精芯片运算能力的支持，类似5G的通信能力也就没有了发展基础。但这个问题同样需要换个角度来看，先前我们没能发展起来芯片产业，是因为整个芯片市场几乎完全被发达国家占领，包括中国市场，而美国的芯片禁运政策相当于主动撤出中国市场，这就给了中国本土芯片千载难逢的发展机会。即使美国后来撤销禁令，威慑的阴云也从此笼罩在国家高科技产业的头上，企业也会保有对本土芯片的采购量。这已经不是一个爱国和道德的问题，而是一个关乎切身经济利益的举措。所以来自发达国家芯片禁运的消息，对于中国绝大多数高科技企业来说，绝对是一个不小的噩耗；但是对于芯片企业来说，无疑是一个好消息。

我们要做的可能就是忍耐我国芯片质量上的不足，需要积极采购，毕竟一定程度质量上的差距，总比在非常时期没有芯片导致企业受困要强。相信在这样客观的市场环境压力下，过不了多久，我国的芯片也能取得质量上的超越。

回过头再看当前人类的科技发展，不得不承认的一个事实是：晶体管所承载的运算能力，正在接近物理极限，摩尔定律逐渐失效，而当前唯一还能飞速发展的IT信息产业，它的基础就是芯片的运算能力。这无疑会让人们产生担忧，毕竟能源动力材料等产业与20世纪五六十年代相比，并没有明显进步，如果IT

行业发展遇到天花板，经济增长的根本动力消失，生产力的增长也会停滞。

虽然尖端技术发展速度的放缓减少了发展中国家技术追赶的压力，但我个人认为，国家间的竞争和整个人类科技发展相比，是鸡虫之争。产能增长速度放缓将为整个人类带来一系列问题，毕竟人类诸多社会问题的解决都依赖于生产力增长，而生产力的停滞会带来巨大的社会矛盾。毕竟人口和欲望的增长需要经济增长来填补，所谓的经济刺激政策，只能带来短期波动，却不会带来实际增长。

III 发展的决定因素还是生产力

面对技术发展的停滞，我们并不是束手无策，目前也有很多突破性概念在向实际发展。以运算为例，量子计算无疑是计算领域的革命性事件。量子计算要表示一个比特，即0或1，用的不是电路是否导通，而是一个质子的自旋方向就可以表示。同时由于量子态的叠加性质，一个质子可以同时储存多个变量，可以实现多个运算并行执行，相比传统计算机的运算效率成百上千倍提高。

不过，当前这些都还在实验阶段，即使对中国来说，当我们在很多领域逐渐领先世界的时候，其实并没有时间骄傲。

今后的发展没有借鉴样本，前沿产业进入无人区，此时领先却不巧撞上了人类技术发展放缓或者停滞的阶段，想要取得进步与突破将更加困难。而社会发展的压力又逼迫当前的中国不得不去科技的无人区试水，所以文章的最后我还是做一些呼吁——

希望大家关注科学技术的发展，民众的支持是科学技术发展的直接动力。

当前有很多看起来不会立刻产生经济效益的科研项目，普通大众对这些研究的意义可能不是很理解，但前沿取得突破是获得知识的基础。只有有了新的知识，才能有科技以及生产力的发展，才能解决当下的矛盾；也只有大力发展科学才能获得力量。

掌握了粒子对撞机，就能解锁未来科技？

这些年，高能粒子对撞机在媒体上频繁出现。由于杨振宁与王贻芳关于中国是否要建大型粒子对撞机的争论，这个词引起了不小的关注。不过看到这样的名词，大部分人会敬而远之，因为这样的争论是犹如神仙打架一般的存在。这篇文章中，我会介绍这种超大型科学装置的技术原理和实验用途，但我觉得更重要的还是应该阐述它存在的意义，让大家建立起对它该有的认知与信念，然后再去审视当前的争论。

||| 从《三体》看基础科学的重要性

为了调动大家的兴趣，还是先从科幻情节开始。

《三体》中，三体人建造的发往地球的智子有两个任务：第一，监视人类所有行动；第二，锁死地球的科学进步，为400年后三体世界占领地球，扫除潜在障碍。

但是，关于第二个任务，如何锁死人类的科学进步呢？

作为只有质子大小应用的二维展开技术被雕刻成智能计算机并具备光速机动能力的宇宙级"黑科技"，智子没有去瘫痪军工厂的电子元件，没有去捣毁高分子化学实验室里的瓶瓶罐罐，也没有去破坏聚变核能研究的前沿阵地。大部分人的日常生活，包括大部分应用科学家的工作，并没有因为它的存在而受到影响。当人类的基础科学不再发展的时候，普通人类是没有丝毫察觉的。因为智子基本上就只做了一件事：干扰高能粒子对撞实验。

智子在人类建造的大型粒子对撞机中，随意干扰高能粒子的运动，让这个装置的一切实验结果毫无规律可言。相同的实验输入相同的参数，变量完全一致，但实验结果天差地别，导致不少痴迷基础研究的科学家选择自杀。因为在他们眼中，物理学乃至整个科学已经不存在了。

很多人不理解这个几乎闻所未闻、见所未见的实验装置，居然决定了科学能否发展，以及全人类的命运。虽然《三体》只是科幻小说，但作为科幻小说的代表作，其重点内容绝对不是空穴来风。当前物理学的前沿弦理论预言了宇宙有11个维度，而我们平时生活的空间只有3个维度，更高的维度蜷缩在微观尺度里。对微观世界认知远超人类的三体世界，早已洞悉维度的奥秘，使它们能够随意将微观粒子在不同维度间转换。在这种程度上了解微观世界后，原子核内强互作用力原理的应用也不在话下，水滴①这种装置制造起来也就容易得多。

获取这些能力，都需要粒子微观结构的知识，而获得物质内部结构、知识方法的思路很简单，就是将其打开看看粒子内部是什么。例如，一个核桃，我们用榔头敲开，就能知道它内部的结构。但是对于微观粒子，想要打开它只能用微观粒子相互撞击，粒子对撞机就此诞生。

小说中的三体人明白，只要人类无法进行粒子对撞实验，就不会进一步掌握微观物理知识，人类的武器就还是分子化学键连接起来的物质，无论多么先进，都不是强互作用力物质构成的水滴的对手。这就相当于冷兵器时代，国王花大价钱让工匠钻研武器如何改进，技术也可以得到明显进步，兵戈、刀剑可以更为锋利，攻城器械也可以日渐庞大高效，甚至能制造出类似诸葛连弩这样的可以连发速射箭矢的黑科技。可是不钻研基础科学知识，只是在应用领域下功夫的话，就永远不会明白分子、原子之间的反应机制。不知道电与磁的存在，就永远造不出卫星导弹和高速战机。基础知识存在差距的文明之间，所谓的冲突对于高级文明只是简单地清扫障碍。

小说后面的情节也体现了这一思想，200年后，人类即使掌握了可控核聚变技术，实现了星际航行能力，然而，2 000多艘恒星际战舰组成的庞大舰队，依然被一颗小小的水滴屠戮。毁灭

---

① 刘慈欣的科幻小说《三体Ⅱ·黑暗森林》中提到的由三体文明使用强互作用力（SIM）材料所制成的宇宙探测器，因为其外形与水滴相似，所以被人类称为水滴。

你，与你何干？

刘慈欣以这种残酷的方式具象化地展现了基础科学的重要性。在《三体Ⅲ：死神永生》中，暂时解除三体危机与智子封锁的人类，更是围绕太阳建立了史诗级的环日粒子加速器，以恒星级的能量去做粒子对撞实验。

在我们的日常生活中，我们可以看到手机、汽车越来越智能，高铁速度越来越快，工厂的产能越来越大，阅兵的武器也越来越威武帅气，这一切眼前的进步似乎就是文明发展所需要的全部。至于量子级别的物质构造，几万光年外黑洞的命运以及暗物质、暗能量的本质，似乎和我们都毫无关系。

其实，我们生活中大多数科技使用的还是17世纪创立的经典物理学，包含了经典力学、经典电磁场理论以及经典统计学，但是在18世纪这些理论才在各个基础科学部门得到拓展，从19世纪开始才被广泛应用于生产生活。

在相对论与量子力学诞生后，先前的理论才被冠以经典之名，而新科学的应用还没有具象化地深入我们的生活。由相对论产生的核物理，应该已经是最贴近生活的技术了。至于晶体管用到量子力学的说法，我自认为只是后来人们利用量子力学的知识，解释了半导体的导通原理。真正由理论发展来的应用，应该就是当前的量子保密通信。真正了解过这两个理论的学者都明白，这是完全颠覆原有认知的东西：世界已经完全不是之前人们认为的那样了，而是充满了扭曲、不确定和状态叠加。

未来这些理论又会如何改变世界呢？影响力不可估量。我认为，看似与我们现在生活毫不相关的理论，在未来都会成为人类发展的关键因素。

当黑洞的第一张照片被公布的时候,不少声音都是失望。花费那么大,就为了这么一个模糊的图像?为什么研究这些有的没的东西?我们干吗去研究黑洞?然后又是民生问题、社会问题、经济问题……我个人认为,这就如同17世纪,一个刚开始种马铃薯的农民,他明白把马铃薯引进欧洲,自己可以不再受限于农田食品产量而实现温饱,但他绝对不会明白,同时期牛顿发明的微积分有什么意义。

以上说了这么多,就是想让大家建立起对基础科学重要性的认识。而粒子对撞机无疑是研究基础科学的最前沿大科学装置。

▍ 高能粒子对撞机是怎样工作的?

回顾人类对微观粒子的研究,大部分结论就是靠这种简单粗暴的轰击得出的。确定了原子核存在的卢瑟福 α 粒子散射实验,就是用放射性元素放出的 α 粒子轰击金箔纸得到的。现在我们知道 α 粒子是2个中子、2个质子组合而成的氦-4原子核,大多数 α 粒子直接穿过了金箔纸,但还有部分发生了大角度偏转,所以确定了带正电的原子核的存在,以及其在原子中的体积占比。后来卢瑟福用 α 粒子轰击氮元素,得到了氢原子核,确定了原子核内质子的存在。

1932年,查德威克用 α 粒子轰击硼-10原子核,得到由电中性粒子流形成的辐射,从而发现了中子。加上早前由阴极射线实验发现了电子，原子核的结构雏形得以诞生。由质子、中子、电子组合而成的原子，进而组成了万事万物。但是，想要更进一步研究更小尺寸的粒子结构，仅凭借放射性元素衰变放射出的 α 粒子所具备的能量已经不够了，还需要将粒子进行加速，让它获得更大的动能，然后对撞，这样就能将已知粒子撞得更碎，从而发现它的内部构成。

这里说一下为什么要让粒子对撞。如果还像以前一样，让高速粒子去撞击静止的靶标粒子，在高能状态下，很可能出现动量传递而无法撞碎。所以，同时加速两束粒子，使其在某处发生对撞就能得到更好的效果——对撞机概念就此诞生。

对撞机的分类有很多，研究的目的、构造也不一样，但基本原理都是利用电磁场加速带电粒子流，并使其碰撞。当前世界最大、最先进的粒子对撞机，是欧洲核子研究组织的大型强子对撞机，简称LHC。它可以将基本粒子加速到接近光速，让单个质子获得6.5TeV的能量，即让两个质子以13TeV的总能量相互撞击，两束粒子流对撞产生的瞬间热度是太阳平均温度的10万倍。

2012年LHC的对撞实验成功发现了希格斯玻色子，又称上帝粒子。希格斯玻色子的发现，将粒子物理的标准模型补充完整，所有粒子与希格斯玻色子结合才能表现出质量。而标准模型中的其他粒子，如各种夸克和作为轻子的中微子等，大部分都是从这些年来的各种对撞实验中找到的。

更具体的粒子知识待以后有机会再讲，想要自行了解，可以从《上帝掷骰子吗？》一书中开始微观量子世界的探索，这也是我了解量子世界与粒子物理的入门书籍。

总之，在这样的尺度下，将物质分离拆解，就能模拟很多自然状态下无法达到的物质状态，类似模拟宇宙创世大爆炸时的情景，观察宇宙的演化。这样一来，暗物质、暗能量以及正反物质比例之谜就可能被逐渐解开，人类的认识就能得到进一步的飞跃。

　　你可能会问：了解这些能干什么？有什么用？我只能说，从现在起，让自己的生命延续得久一些，也许你就能看到一个不一样的世界。

决定人类文明存续的，是可控核聚变？

　　如果说，可控核聚变技术可以彻底解决人类未来的能源问题，你可能会疑惑：不就是用核能发电吗？毕竟这是早已实现的，而且时至今日也没有看出这项技术有什么革命性的优势。截至2017年，核电站的发电量占比只有10.5%，我们的电费没有明显下降，反而几次核电站事故倒是让人们心有余悸。

　　可对这一领域稍有了解的人士对可控核聚变技术都有着强烈的渴望，甚至将其看作人类文明能否长久延续的最关键因素。在这篇文章中，我们就来说说这项技术的潜力。

III 可控核聚变被实现后，理想世界是怎样的？

首先，原子能技术的理论基础是爱因斯坦根据狭义相对论推导出的质能方程 $E=mc^2$，能量和质量是可以相互转化的，原子核内质子、中子的聚集或裂开会产生新元素，同时伴随损失质量以及释放能量。比较容易实现的是重原子核的裂开，即核裂变，用中子去撞击本来就在缓慢裂解的放射性元素就可以实现。原子弹的原料是带有放射性的铀-235或者钚-239，用中子撞击到原子核使其裂开，裂开后本身就会释放一个中子，这个中子再去撞击其他原子核，形成链式反应。

反应的剧烈程度取决于原子的密度，密度越大被中子撞击到的概率就越大，反应也就越剧烈。这样密度大的就是原子弹，密度小的就是核电站，所以有核国家的核心技术就是烧钱的铀浓缩技术。这也就是为什么原理大家都懂，但有些国家还是造不出核弹的原因。而核聚变是两个氢原子核聚集成为氦原子核的过程，其间也会出现更大的质量损失，聚变反应相同质量的原料损失质量放出的能量是核裂变的4倍，但核聚变更大的优势在于相比于稀少的铀和钚，其原料氢的同位素氘和氚大量储藏于海水中，1升海水蕴含的氘和氚聚变产生的能量相当于300升汽油，以现在人类消耗能量的速度算下来，地球上的海水可供人类用几百亿年。话说50亿年以后太阳都没了，可以说海水中蕴藏着无限的能源，且反应没有任何放射性，其产物氦是惰性气体，不会像现在发电厂的核废料一样危险且难以处理。

刘慈欣的小说《三体》的第二部就描绘了可控核聚变实现后

的世界。首先，所有电器不再有插头，无线充电技术大量普及。当前，无线充电技术已经实现，这无非是无线通信电磁波的高能放大版，只是这样能量会以电磁波的形式耗散严重。但是对于能源几乎无限的世界，耗散也无所谓，用于充电的电磁感应充斥着整个城市。汽车、自行车就在空中飞行，从不加油；地下也建起了巨大的城市，城市的穹顶直接显示着万米高空传来的天空图像，电就像空气一样随处都是；由于再也不用化石燃料了，环境几乎回到了工业革命之前，一切都是用清洁的电来驱动。

可控核聚变对人类文明的发展有更深层次的意义，我们此时可以了解到可控核聚变技术的巨大潜力，知道掌握它能为我们带来更美好的生活。但是换个角度去思考可控核聚变的重要性，我们就会对它有更深刻的认识——如果它最终也没能被人类掌握，那将是怎样的景象？

毕竟人类不能仅在地球上发展，即使能源取之不尽，其他物质资源也有捉襟见肘的时候，生存空间的拓展就需要航天技术的革命。

当前，以化学燃料为动力能达到的速度在星际空间飞行需要不知多少代舱内航天员寿命的支撑，即使燃料和氧化剂充足，把这些能源发射上天也不知要多少年。核裂变所需要的原料稀有，而且单位质量释放能量的效率太低，最终还是能源问题。所以，使用以可控核聚变为基础的聚变发动机，无疑是星际航行的最有效途径，氢原子在宇宙中收集起来也相对容易得多。所以可控核聚变技术被视为人类能否长远发展的关键要素，不掌握它，人类就只能被禁锢在地球。

III 为何可控核聚变技术还没有运用于现实?

说了这么多可控核聚变技术实现的展望，我们还是要回到现实中来，为什么我们还没有用到核聚变反应发出的电呢?

重要的一点就是核聚变的反应条件：上亿摄氏度的高温以及高压，这几乎是太阳内部的环境。

其实这样说有些本末倒置，恒星的反应原理是靠其引力挤压原子产生高温高压使氢原子核（更确切地说是质子）发生聚变反应产生能量，可控核聚变就是模拟那样的环境来制造恒星的，更基本的原理就是让两个质子尽可能靠近，靠近到一个普通原子直径的万分之一，只有在这样的距离下原子核内部的强结合力才大于质子相同电荷引起的斥力。

这里需要讲一下力的简单分类，世界上的相互作用力一共分4种：强力、弱力、电磁力和引力。强力是作用于原子核内极短距离的最强作用力，它是构成原子核的关键，这也是原子核内质子都带正电却还能结合在一起的原因。看过《三体》的读者应该都对水滴印象深刻，它就是三体人扩大强力的作用范围从而造出了已知最坚硬的东西，对付人类舰队也就如同砍瓜切菜了。弱力对特定元素的放射起到制约作用，力量相对较弱，这就是某些元素有半衰期的原因。而我们平时生活中那些所谓的压力、摩擦力、冲击力，都是微观层面电磁力的宏观体现。比如，人与人接触时产生的压力，其实是微观层面原子外围的电子云之间的电磁斥力所致，严格来说这里并没有接触。引力是4种力中最弱的力，但作用距离几乎无限，其关键性我想已经不言而喻了。

这里要讲的还有温度，温度的微观实质是粒子做无规律运动的剧烈程度。核聚变是要在高温高压的作用下让单个质子拥有更强的动能，使两个质子得以冲破电磁斥力的作用，进入原子核强力的作用范围内就能聚合在一起。只是恒星的聚变反应可以更彻底，它可以将质子与中子沿着元素周期表的排位，从氢一直聚变到铁，铁以上的元素聚合需要吸收能量。其实自然界大部分元素就是恒星的核聚变反应制造出来的，剩下更重的元素也是大质量的恒星，即超新星死亡爆炸产生的。

上亿摄氏度的高温很难产生，氢弹这种不可控核聚变反应也是需要一颗原子弹引爆展开反应。现在主流的可控核聚变实验装置是托卡马克（Tokamak）：把氢原子剥去电子，以离子状态在磁场的作用下高速运动，并用不同方向的磁场使等离子体内部产生电流，实现欧姆加热点火，当温度达到反应温度后用微波作为能量输入保持超高温，同时在强磁场约束下保持等离子体不接触实验容器壁，毕竟上亿摄氏度的高温没有什么材料能去接触。

2017年，位于我国合肥的托卡马克装置——"东方超环"实现了101.2秒持续聚变反应，破世界纪录。我们在自豪与骄傲的同时，也要明白为什么只有101.2秒，毕竟达到那样的高温高压并保持住太困难，其外围的约束磁场需要的超导材料可是要接近绝对零度（-273℃）的。这真的就是冰火两重天的最高境界！如此巨大的能量作用于如此小的尺度，当前再高的精确度也显得无比粗糙。

在聚变反应照耀下的世界令人心驰神往，但是走向美好的道路总是蜿蜒曲折的，除了以上讨论的技术难题，国际政治因素也不一定会一帆风顺，毕竟此技术如果一直是中国还有其他后起之秀国家领先，以石油掌控话语权的OPEC（石油输出国组织）和因美元与石油挂钩确保美元霸权的美国，会不会轻易放弃空手套白狼的买卖？当然，发展的阻力并不会阻止发展。我的文章也只是做了粗浅的科普，希望能开启大家对科学的好奇，开拓未来还得需要更多愿意参与其中的人。

CHAPTER 5

在未来**死亡**被重新**定义**，没有所谓的**自然死亡？** 衰老其实也是一种**恶性疾病**，可以当作疾病被**治愈吗？**

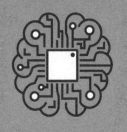

人类未来，将何去何从？

未来，死亡是一种能被治愈的疾病？

"你在平原上走着走着，突然迎面遇到一堵墙。这墙向上无限高，向下无限深，向左无限远，向右无限远，这墙是什么？"

"死亡。"

这是刘慈欣《流浪地球》中的文字，我觉得非常形象地描述了人类面对死亡时的无力和绝望，这是人生绕不过去的终点。

||| 我爷爷的故事

我的爷爷是一个很有个性、很倔强的老人。在20世纪六七十年代的建设大潮中，他身为农民，通过自己的努力学到了建筑学知识，并用他的知识参与到了中国西部城市化的建设当中。小时候，他总抱着我得意扬扬地炫耀，哪栋楼是他建设的。他在工地能指挥能扛砖，能担水能锄地。他作为过去为数不多的文化人，能成为村里的教师，也能扛着粮食走过四五十千米山路去做生意。在老家，他能用木头和铁钉给我做出各种玩具，冬天能做各种雪人冰雕，还能把老家的院子改造成溜冰场让我溜冰。

在我的印象里，爷爷力气很大，心灵手巧、无所不能，受到所有人的尊敬。但是后来，我慢慢长大了，他也不可避免地越来越老，他不再像之前那么高大，听力急剧下降，和他说话需要吼，他走路也越来越慢。最明显的是，他不再像之前那样开朗，愁容常挂脸上，烦躁成为常态，脾气越来越大。当村里的其他人家需要帮助时，他依然会第一时间去帮忙，挑最重、最吃力的活儿来干。但对于他看不过眼的地方却一定会数落一番，比如跟他的儿女经常发脾气。因为在爷爷眼里永远有干不完的活儿，他总是想劳动，儿女对他的劝阻会让他更加恼火，他做的每一件事都是为了自己的儿女子孙和村里的亲人朋友，自始至终不为自己。

像那些所谓的老年人的快乐，类似下棋、太极拳、广场舞等活动，我爷爷从不感兴趣。年过80的他还会在农村的乡间道路上，骑着电动摩托车查看他的田地，扛着沉重的农具打理老家门前的菜园，帮着农村的建筑队盖房修路。这些重活儿曾让爷爷两次骨折，那辆电动摩托车也让他多次摔跤。更严重的是，他的肺部已经逐渐纤维化，因为体力和心肺真的完全跟不上，所以经常出事情。

爷爷不愿长时间住在城市，儿女都有工作，不可能在他身边看着，所以他可以一直我行我素。在儿女看来，爷爷在晚年似乎故意在给他们添乱，倔强的脾气不听劝不说，奶奶也经常无辜受害。但是旁观者清，在我看来，爷爷的一切问题，只是因为他不想老去，不愿承认自己已经不中用了。他想通过劳动证明自己依然和年轻人一样，想为儿女家人还有街坊邻居做事，也还想用自己的认知指导别人，就像他年轻时受人尊敬一样。即使只是种菜种粮，打理院子，为儿女修修补补。但现实是——他的身体在老化，疾病越来越多，现实情况与自己的意愿相悖却无力改变。儿女让他不要劳动，更让他产生一种无用感。

爷爷经历过无数风雨，在艰苦的年代几乎能处理任何问题，当然不愿意像其他老人一样接受自己的老去，但还是眼睁睁看着那堵无边的死亡之墙越来越近。加上越来越多人对他行为的否定，原来的自信和自尊丧失，所以他的心性和脾气都变了，变得越来越差。

他一直在和衰老做无望的抗争。

某天，爷爷早上起来，提了大半桶水，在7月最闷热的天气里去浇家门前的菜地。那桶水连我提起来都费劲，更何况是81岁的他。而他在浇完那块菜地之后就晕倒了，从此再也没醒来。

爷爷与衰老的抗争结束了，他还是被衰老带走了，永远离开了我。当然，我想爷爷肯定也无法忍受在病床上受罪之后离开，也许像这样在劳动中突然没有痛苦地结束自己的一生，就是最适合爷爷离去的方式。

III 死亡到底是不是生命的终结？

我一直在推崇科学思维，但那时的我却有些羡慕那些有宗教信仰的人。因为他们不需要严格的因果逻辑，就能给死亡一个让人容易接受的解释。死亡在他们眼里是另一种开始，灵魂可以去天堂，可以轮回。这是活着的人对死去的人的期许，也是对自己未来命运的希望。永生，是人类的追求。

宗教投人所好地将死亡解释成下一个阶段的开始，而不是一切的结束，以此来消除人们面对死亡时的绝望与人生意义的缺失，也将今生与死后的生活建立因果关系，教化人们的生活习惯建立道德标准。但是，现在基于观察研究进行逻辑推理认识世界的方式已经深入人心，人类在获得巨大力量的同时，也要面对一个沉重的现实：记忆和意识都是细胞层面的能量转换，当机体死亡，心脏不再跳动，血液不再给大脑供给氧气的时候，线粒体没有了制造能量的原料，所有细胞功能因为没有能量而丧失，相应的就是大脑里任何感觉、思考、调取记忆的功能全部丧失。

从现在科学对人体以及脑科学的研究来看，并没有什么意识体可以独立于肉体存在。人并不是一个灵物，可以说人更像是一部机器。普通人类制造的机器彻底坏了、抛锚了还能维修，因为它非常简单。但是人体这部机器的零件是细胞，针头大小的空间能容纳4万个这样的零件，人体是大约60万亿个这样的零件协调工作组成的，人类目前的技术还无法在如此小的尺度上做精确的修理。而人体这部机器一旦出现系统性问题，细胞与细胞的相互合作就会被迫中断，数以亿计的细胞就会如链式反应般一起坏掉，要完全修复这架超级复杂的人体机器几乎不可能。

所以，死亡对于一个有意识的个体来说就是一切的终结。

我们常说人生要过得有意义，让自己老去的时候不会悔恨，似乎很多所谓有意义的事情，都是为了老去之后对自己的一生有一个积极、安详的回忆。但是，老去并不是未来一个永恒的状态，衰老紧接着要面对的是死亡。老去时的悔恨也好，满足也罢，还有你现在所有的智慧、知晓的所有知识、自己对世界的认知，以及自己的品格和处世的心态都会通通消失。这就是死亡最可怕的地方。

神话传说可以很浪漫，充满人性，但现实一直都是冷酷的，直面死亡是需要勇气的。走过那堵墙之后，任凭墙这边的人如何声嘶力竭地呼喊，墙那边的人都不会有任何回应。再隆重的葬礼都是给别人看的，对离去的人没有什么作用。面对死亡，我们什么也做不了。

||| 个体的消亡是必需的吗？

几个月前，我开始想用科学寻找一些希望，看人类能不能对抗衰老，也算是给这个关于死亡的思维困局寻找一些突破口。在这中间我又遇到了爷爷的离去，这个话题对我而言似乎又多了些意义，但也少了些意义。

在这里要感谢几位专业人士的耐心讲解和推荐书籍，尤其感谢曾任职于哈佛大学医学院的克里斯（Kris），他直接用一手最前沿的知识给我答疑解惑，让我从中获得了很多启示。

从学到的资料中，我能明显感觉到，虽然整个科学界对于衰老的原因和机理还没有一个比较统一的认知，但衰老的真相在逐渐揭开。人们对衰老和死亡的认知正在科学求证思想的指引下逐渐完善，以至于尤瓦尔·赫拉利在《未来简史》中断定人类个体即将获得永生的能力，也说了可能我们身边已经有了将会获得永生能力的人。那么，从现在科学的认知程度上来讲，未来人类真的可以不变老，不自然死亡吗？或者说在未来死亡被重新定义，没有所谓的自然死亡？衰老其实也是一种恶性疾病，可以当作疾病被治愈吗？

为了研究这个问题，我们还是要从生命的出现开始推演，看看生物个体的消亡是不是必需的。

我之前关注的多是生物如何适应环境的演化机理，主要研究生物是怎么活的，却不曾认真地从生命演化史的角度去看待个体的衰老。

生物都有寿命吗？生命在出现后的30亿年时间里，都是以单细胞生物的形式生存着，直到5亿年前多细胞生物才从极个别现象变得活跃起来。这时候思考一下，对于早期的单细胞生物来说，繁衍的方式主要是二分裂，也就是复制遗传物质以后一分为二。那么对于一个单细胞的简单细菌来说，在环境条件非常理想的情况下，一分为二的单细胞生物，两个细胞完全相同，可以说两个细胞都是新生的。此时，原来的那个老细胞是不是可以说已经不存在了？还是说原来那个细胞的生命被这两个细胞继承了？

这就看人们如何定义了，可以说原来的那个老细胞已经死了，也可以说它的生命将被它越来越多的分身永远继承下去。这样的生物也就没有了寿命的概念，因为在这个过程中没有个体的死亡，这其实就是某种意义上的永生。比如，蓝细菌就是这种繁衍方式，它们从26亿年前就开始在地球上出现并制造氧气，然后以这种二分裂的方式存在至今。如果我们将这种分裂繁殖的方式看作生命的延续，就可以说，26亿年前的某个蓝细菌活到了现在。

这种二分裂的繁衍方式简单高效，也看不到所谓的自然衰老和死亡的现象，但为什么现在的生物没有继承这一古老的看起来没有悲伤的特质呢？过去最初级的生物本来就是可以永生的，现在所谓的高级生命却出现了不可避免的衰老死亡，这是为什么呢？凭什么我们都要死呢？

要回答这几个问题，我们需要看看有没有过渡生物，也就是会出现个体衰老死亡的微生物。如果有，看看它们是怎么衰老死亡的。

查遍全网后我确实找到了，而且不少。比如大肠杆菌，它的分裂方式看上去也是对称的，两个子细胞在大小和形状上没有什么明显差别，但在生长过程中会受到不同环境的影响，DNA、细胞质、细胞膜都会受到损伤。然而，它在分裂繁殖的过程中，这些损伤并没有均匀分摊到两个大肠杆菌的子代中，所有的伤害都会集中在一个"子细胞"中，如变质氧化的蛋白质、断裂破损的DNA，以及有部分损伤的细胞膜。这个子细胞因为损伤的积累生长代谢变慢、分裂周期加长、受环境影响的死亡概率增加——它

"变老了"。而另一个子细胞却是全新的，完全没有损伤，相当于从"零"开始的大肠杆菌。

也就是说，为了能得到一个完全健康的个体，另一个个体被当作了存放损伤和变质的"垃圾桶"。这个理论也被叫作垃圾桶理论，即每次分裂繁殖都会有一个子细胞继承所有损伤，让另一个子细胞能够完全健康。这时，那个继承了所有损伤的个体，就是所谓的母体，而那个完全健康的个体就是子代。用拟人化的视角来看，这个"母体"一直在分裂出健康的孩子，自己却留下了所有的伤害，当伤害积累到一定程度也就老化死掉了，同时它也将所有的伤害从种群里打包带走。试想，如果是完全对等的分裂，那么各种损伤就会均匀分摊到两个子代中，没有损伤带走机制，那么损伤就会在后代中一直积累下去，积累到一定程度就会出现大面积凋亡，或者是整个种群的毁灭。演化的底层逻辑不是为了保护个体，而是保护遗传信息，只要与之相关的性状符合演化生存逻辑基因能遗传下去，就会被种群发扬光大，即使这个性状就是衰老和死亡。

接下来，为了能让所谓的"母体"更彻底地将损伤从种群中带走，酵母菌——和我们一样的有细胞核的真核生物，很多都演化出了出芽生殖的方式，也就是说这个子代比要作为"垃圾桶"的母体要小很多，更具备母子的形象，这样能让"垃圾"更容易留在母体内。再比如草履虫，它有两个细胞核，一个负责代谢，一个负责繁殖。在繁殖时，负责生殖的小核传给下一代，而负责代谢的大核则根本不复制；分裂时，小核代表将生命传下去的生殖细胞，然后在新细胞中再由小核内的信息形成大核，原来的大核则代表被丢弃的体细胞。这样，可以更进一步地将多数的DNA损伤留在"母体"当中，母体一样会逐渐老化死亡，这也和"垃圾桶"理论相符。

通过观察单细胞"永生"生物和我们这些有寿命限制的多细胞生物之间的过渡生物，可以看到，即使生物本身不会衰老，可以永生，但是环境的限制不可消除。生命无时无刻不在受到环境的伤害，如果生物是以二分裂的形式永生的，那么环境的伤害会随着时间的推移持续在整个种群中积累，而且环境的累积破坏会直接作用于整个种群。

个体的凋亡可以吸收伤害，以防止环境对整个种群的毁灭，此时自然选择就会筛选出适合基因稳定复制的演化方向。试想有两种生物，一种一出生就继承疾病的个体，另一种可以获得全新生命力的个体，两种生物放在一起，哪个更有竞争力？这就是为什么那些可以"永生"的单细胞生物只能处于食物链的最低端，总体数量被满是天敌的食物链完全控制。但是这个"母体"保留所有伤害只为保全后代的理论，似乎会让人联系到父母之爱的根源。

当生物向着多细胞大型化演化之后，事情就不如垃圾桶理论那么简单了。因为多细胞生物只有生殖细胞负责分裂繁衍，也就是减数分裂，其余的细胞发挥自己的能力保护生殖繁衍过程。而相较于单细胞生物十几分钟就分裂一次的繁殖速度，多细胞大型生物的繁衍相较于单细胞生物要慢得多。在生育时间到来之前，细胞需要保持健康，但是环境的侵害不会因为生育缓慢就有所偏袒，那么基因突变和自然选择就会催生出另一条演化方向——细胞的自我修复，也就是自己修复自己的损伤。

细胞的自我修复机制在我们出生之后就开始全力工作，替换细胞内变质的蛋白质，修复被紫外线破坏的 DNA，缝合破损的细胞膜，直到我们度过可生育年龄。

人类在45岁之后，也就是过了普遍所谓的适合生育的年龄之后，细胞自我修复机制的任务已经完成，不再是身体全力以赴地工作。衰老的损伤垃圾桶理论逐渐占据上风，将损伤个体从种群中清除出去，实质上就是清除了那些还在复制的生殖细胞，修复能力减弱与母体损害垃圾桶理论一起组成我们衰老和死亡的缘由。

但是既然体细胞可以自我修复，那么为什么还要母体作为垃圾桶使其衰老呢？它自己就能处理掉垃圾呀，我们真的不想衰老，也不想死，细胞能不能一直修复自己让我们"永生"啊？要回答这个问题，我们就得先好好看看这个修复机制是如何工作的。这个修复机制是一个重点，也是一个复杂的内容。虽然自然选择要将完成生育使命的个体抛弃，但人类却在预测环境的演化过程中获得了"意识"，这个意识在基因的影响下大概率也会精心保护下一代。但意识产生的求生欲也让个体试图获得永久的健康生命，能否实现，就在于我们的意识能否反客为主控制原本只有基因能控制的损伤修复机制。

这个机制具体是什么样的，能否为我们所用？如果人类真的实现了超长的寿命甚至永生，人类社会又会怎样？忤逆基因的控制会不会直接造成群体的毁灭？

这些问题留待日后探索。

人的寿命还会增长吗？

世界各地人口的平均年龄都在第二次工业革命之后开始增长，自"二战"后，人类进入了黄金年代，平均寿命更是急速上升，中国人的平均寿命从20世纪60年代初的44岁增长到2023年的77岁，60多年里平均寿命增长了30多岁，在这个基础上再过60年，我们的寿命又会增长多少？人类医疗技术还会发展，我们的平均寿命会一直这样增长下去，说不定就会这样维持下去实现所谓的永生？

以上有多少客观的思考？其实这里的想法是我们不假思索就愿意相信的东西。为什么这么说呢？

首先这条寿命曲线很明显，20世纪60年代之后，平均寿命的增长率整体在放缓，虽然还在增长，但已经没有了之前强劲的走势，同时还有另一个与寿命相关的曲线没有展现，就是每个时代人类的极限寿命变化曲线。人类的平均寿命在一个多世纪里翻了一番还多，但是最长寿的人寿终正寝的岁数从111岁增长到了现在的平均117岁。早在1899年就有110岁的长寿记录，再往前不是没有百岁老人而是没有记录，现在的吉尼斯寿命世界纪录被法国的珍妮·路易斯·卡尔曼保持在122岁。

从1997年至今都没有被改变，再也没有人活过120岁，也就是我们的平均寿命增长并没有推高人类的极限寿命。那么是不是可以说，现代的科技发展、生活水平的提高，人们死于饥荒、暴力、瘟疫的概率降低，以及越来越多顽固疾病被攻克，都只是让人类能够有机会活到本该有的寿命，并不会让我们获得没有上限的寿命？如此看来，人类的寿命似乎是有极限的，而现代科技并没有办法突破这个极限。

||| 为什么人类寿命会有极限？

上文探索了衰老和自然死亡的起源，我提出了一个可能性，就是垃圾桶理论。二分裂的单细胞生物在分裂时，将垃圾和损伤尽量留在分裂后的一个细胞里。这个留下损伤的细胞可以被视为母体，积累损伤时间长了，这个老细胞就死了，同时也会将损伤从种群中带走。损伤如果是均匀分摊的，就会一直在种群中积累造成种群大面积凋亡。有聪明的人提出，这个垃圾桶理论也可以解释为，是老细胞制造一个分身当垃圾桶把垃圾带走。

如何区分新老细胞呢？

细胞分裂的时候会在中间形成新的细胞膜，实验发现，当细胞再次分裂的时候，垃圾会向老细胞膜的那一端移动，新细胞膜这一端分裂出的细胞则是全新的，这似乎就可以区分新老细胞，随后定义母体和子代。衰老和死亡的出现是为了将垃圾从种群中带走。

你可能会说，这是单细胞生物，顶多能类比现在的微生物，而动植物这些多细胞生物能这样溯源吗？其实，多细胞生物同样是从单细胞生物演化而来的，每个人、每个动植物同样是从一个细胞（受精卵）发育而来的，在受精卵细胞生产和发育的过程中，几十亿细胞协同工作同样是为了生殖细胞能够健康发育，让后代能够出生。这似乎可以理解为垃圾桶理论的延续。甚至人们的亲情，对后代无理由的爱，宁可牺牲自己也要保全后代的行为，或许也是源自这一古老的分裂现象。而它的根本逻辑就是，长久保存物质层面的DNA很难，环境造成的破坏不可避免，但是保存其中蕴含的遗传信息就简单一些了，然后通过创造新的载体继承遗传信息，载体一代一代生老病死，但信息得到相对稳定的保存。

其实，用基因操纵生命的说法有点太过拟人，DNA就是个大分子，没有任何意识和主观能动性，但是DNA在合适的条件下能创造出有主观能动性的生命。所以，只要DNA中的遗传信息能保留下来，生命就会一直存在，然后基因突变，也就是信息复制错误，创造出各种有差异的生命。这些不同的生命再被变化的环境通过优胜劣汰选择，生命就开始了演化。要明确并不是适合生存的个体会被自然选择，而是适合继承保存传递遗传信息的个体会被环境留下，这就是"存在算法"，也叫演化算法，是完全的自然过程。很多人无法理解这么简单的原理为什么能创造出如此复杂的我们，那是因为大家同样无法理解一个时间概念，在35亿年这样的时间跨度里，再慢的化学反应、再小的概率，都能实现。

但是，因为保留遗传信息的古老的生存原则不会改变，旧个体要繁衍下一代信息载体，同时还要吸收环境的伤害去死，从而避免下一代信息载体受到伤害。我们的细胞修复机制是为了延长个体寿命，但也是在保护下一代的生存原则的基础上出现的。细胞自我修复是为了让个体有时间长到足够强壮的程度，才能更好地哺育下一代。如果修复维持老旧个体机能不变，需要消耗更大的能量，那么让修复机制差不多全力工作到生育期后，就不要再工作了，以免耗费能量。

自然界的资源要维持遗传信息不灭，而不是个体的永存，不遵循这一原则的生物都灭绝了。一个个体长久生存可能挤占了诸多后代的生存资源，结果一个个体又因为意外死了，这个物种灭绝的风险就变大了。自然界的各种动物寿命都不相同，比如同样是哺乳动物，有最多只能活3年的老鼠，也有能活七八十年的人类，还有能活200年以上的露脊鲸。这些生物看起来好像是体量越大越长寿。其实差不多是这样，但不准确。体量大的动物生长发育到性成熟周期普遍较长，所以自然选择也就据此调整了生物的寿命。可以说，生育效率越低的生物，寿命就越长；反之，像老鼠这样可以很快生长、大量繁殖的动物，寿命也就没有必要那么长了，因为它们在短时间内就能完成传递遗传物质DNA的任务。

根据"已经完成生育任务的个体其实没有存在的必要"这一原则，它们的寿命都很短。这个理论叫作一次性体细胞理论（disposable soma theory）。大多数生物的寿命基本上都遵循这个原则，哺乳动物的极限寿命基本上是其性成熟平均年龄的9倍，平均生长期的6倍。

老鼠出生后大约3个月就可以生育出第一窝老鼠，所以老鼠活不过3年；人类在14～15岁具备生育能力，发育在20岁前后停止，那么人类的极限寿命是126～135岁，这的确与当前有记录的最长寿的人类的年龄基本相符。人类和其他生物相比并没有什么特殊性。

这就从自然演化的角度解释了为什么人类会有寿命极限，和大多数动物一样，基于资源有限的事实，基因设定了让老旧个体死亡的机制。其实寿命极限并不是所有生命都有的，不说来自远古的细菌，就连多细胞生物，比如极个别种类的水母、扁形虫，甚至有些种类的大龙虾，这些远古的低级生物也是没有寿命限制的，只是太多天敌和太多的烹饪方法让它们大多数没法长命百岁，基因也就不需要演化出寿命限制了。

所以说，衰老很可能只是基因设置的生命限制，避免过多旧个体长时间生存，消耗能量阻碍基因的延续。寿命限制与其他各种生物性状是一样的，都是自然选择出来的、让基因信息更有效地遗传下去的方法。

寿命极限确实是存在的，但是了解到这一点的我们不必沮丧，基因转录翻译以及自然选择性表达的原理人类已经清楚了，只要从基因表达的层面了解清楚是哪些基因在控制人类衰老的这一过程以及是怎么控制的，那我们就真的能对抗衰老和死亡了。

III 人在衰老的过程中，细胞发生了什么变化？

接下来的内容主要来自大卫·辛克莱尔的书《长寿》(*Life Span*)。辛克莱尔是哈佛医学院的遗传学教授，他在书里讲到，表观遗传紊乱以及更具体的生命回路破坏，是衰老的主要原因。

之前我一直在说，我们的身体是根据基因的遗传信息构造的，我们的性格和思维方式虽然是后天环境养成的，遇到什么环境，大脑就会塑造什么人格，但这样的对应方式还是基因决定的。基因表达出来的蛋白质，构建了细胞且实现了所有细胞功能，而人又是细胞构造的，所以是基因决定了人的一切。但对于多细胞生物来讲，有一个显而易见的问题就是，虽说我们身体里每一个细胞都有全套的遗传信息，但是我们身体里却有各式各样的细胞，它们都有同样的基因蓝图，但是这个蓝图造出来的东西却天差地别。

当所谓的细胞分化开始之后，我们的基因就开始了选择性表达，但是这个选择性表达具体是怎么选择的？辛克莱尔在书里有一个形象的比喻，基因就像是一架钢琴，不同的细胞就是用它弹奏出来的不同乐章。但是在没人弹奏的时候，钢琴自己什么声音也发不出来。

那么弹奏者是谁？其实还是细胞内的各种物质。遇到什么环境，比如冷了、热了，有病菌入侵或者营养丰富了，这些都会激发一些设置好的蛋白质脱离束缚，去细胞核内与某段基因的启动子结合。然后，这段基因开始表达。

举个例子，人还在胚胎干细胞阶段时，每个细胞受到不同方向的挤压，不同羊水浓度以及不同的营养素的滋养，就会有不同的基因被激活，不同的阶段、不同的位置、不同的基因被激活，构成了人体内细胞的分工协作，也就是弹出了不同的乐章。

那么，这个钢琴家会不会弹错音呢？很多学者过去认为，衰老是DNA的复制错误不断在体内积累造成的，是遗传信息出了问题。第一只成功克隆的哺乳动物克隆羊多利，它的体弱多病也被解释成早衰，学者们认为是克隆多利时取出的细胞核里的DNA已经是积累了错误的DNA导致的。但是很多年过后，用克隆羊多利的细胞核克隆的下一代克隆羊却十分健康，大部分活到了一只绵羊该有的年龄。在基因测序技术成熟之后，科学家对大量老年人的基因进行了测序，发现基因的序列与年轻时相比并没有什么变化。

||| 那么人变老了以后，在细胞层面究竟是什么变化了？

其实，问题就出在钢琴的弹奏者上。它们从一个稳健优雅的绅士，逐渐变成狂乱的音乐狂人，将人体的音乐弹得乱七八糟——该表达的基因沉默，不该表达的基因开始狂躁，最后身体失去原有的秩序，无法正常抵御、修复环境的伤害，各种疾病发生的概率增加，死亡之墙就是这么向你袭来的。这种现象在生物学上叫作表观遗传紊乱。

表观遗传学就是相对于遗传学的基因表达研究：遗传学研究的是基因序列改变之后，生命会有什么变化；而表观遗传学就是研究遗传信息没有发生任何改变时，细胞内的什么因素会导致基因表达发生变化。

既然衰老的前后基因并没有改变，那就是表观遗传改变了。这个拨动DNA的钢琴师出现了大问题。

生命出现之初，在一个即将干涸的水潭里，紫外线开始迫害水潭底部逐渐暴露的细菌集团。距离涨潮还有一点时间，它们必须坚持活过这段时间，但是很多细菌的DNA都被紫外线射断了，这时急需体内的修复蛋白前来修复DNA。但是细菌另一个不可阻挡的行为正在扰乱这一过程，那就是繁殖。当相关的蛋白质开始在DNA破损处修复的时候，解旋酶①以及DNA复制酶也来到破损位点，几个蛋白质就被相互卡住。通常繁衍的优先级较高，所以修复过程被迫中断，这时候被复制的是一段残破的DNA，导致两个分裂后的细胞基因不能正常表达，细菌死亡。

我们经常说生存与繁衍是生物的基本需要，但此时这两个基本需要却是相互矛盾的，而矛盾造成了死亡，死亡就意味着筛选。逐渐地，可以在修复DNA时主动停止复制活动的细菌，就在这场生存大战中胜出了。

---

① 解旋酶：一类能解开氢键的酶，通过破坏氢键来解开DNA双链，同时从DNA链中去除DNA结合蛋白。

它们是如何做到的呢？

通过关闭繁殖过程同样需要特定的基因，来表达出阻碍复制过程的蛋白质来完成，但这样一个基因不能让它不停地表达，不然这个细菌就绝后了。要它只在DNA破损的时候表达，其他时候沉默。这时，演化就显示了神奇之处。之前修复DNA的修复蛋白经过演化，变成了可以在没有损伤发生的时候与抑制分裂繁衍的基因结合，卡在上面阻止转录发生——相当于把它压住不让它表达。当DNA某处出现损伤以后，这个蛋白就会在连锁反应下，脱离被它压住的抑制繁殖基因去修复DNA。这时候，抑制繁殖的基因就开始表达，产生相应蛋白去阻碍DNA的复制不让其繁衍。修复蛋白完成了修复工作，就又会回来压住抑制繁殖基因让它不再表达，健康的细胞又能继续繁殖。这就是一个完整的生命回路。

早期细菌就是用这条回路解决了生存与繁衍的矛盾，而这个可以压住基因、阻碍其表达的蛋白质就是拨弄DNA的弹奏者。

III 人类长寿的密码

在漫长的时间里，关闭繁殖过程逐渐演化出更多个版本，它始终精确地调节着繁衍和生长以及机体修复之间的平衡，比如细胞免疫与复制之间的冲突、获取营养与生产能量的冲突、细胞自我生长与发挥功能之间的冲突，而且最重要的修复工作也不仅限于DNA，还有很多重要的细胞器、细胞膜等。

修复蛋白甚至也包括修复端粒的端粒酶。DNA复制的时候需要一个起始序列，但这个起始序列并不会被复制，所以复制后的DNA就短了一截。DNA起始端每复制一次就短一截，直到起始序列没有了，细胞就不能复制了。DNA两端的多个连续的起始序列就是端粒，端粒缩短直到消失，使细胞不能复制，这也是起初科学家认为的人有寿命限制的原因。但是，有一种修复蛋白就是端粒酶，会在各种有分裂任务的干细胞里表达，它可以像修复DNA一样修复端粒。所以端粒并不是最终的寿命决定因素，真正的问题就在于这个机制并不完全可靠。跑出去修复DNA的修复蛋白在错综复杂的细胞迷宫中可能会迷路，尤其是损伤越来越多之后，一直在忙碌的修复蛋白辛苦完成修复工作之后，再也回不到之前在正常时期该发挥抑制作用的岗位。这样的事情越来越多之后，会出现该沉默的基因一直在表达，该表达的基因还在继续沉默，细胞错乱不能正常发挥自己的功能了。例如，缺少端粒酶导致最终干细胞不能分裂细胞了，这就是细胞层面各种衰老的开始。

此时演化上的逻辑问题出现了，既然这个修复蛋白如此重要，那么细胞为什么不多产生些这样的修复蛋白，补充那些迷路了找不到岗位的修复蛋白，保持细胞内的正常运行，人不就不会变老了？

其实问题就出在，这样人就不会变老了。

在人体到达生长顶峰，也就是25岁之前，细胞确实会生产大量的修复蛋白供自己使用，可当我们步入中老年之后，修复蛋白的表达量竟然开始减少了。同时，我们每一个细胞的DNA上都有一个特定的空白片段，这个片段不参与任何蛋白质的表达，而是随着细胞年龄的增加逐渐携带更多的甲基，年龄越大，携带的甲基越多。现在科学家就是根据这个甲基化程度判断细胞年龄的，但是根据甲基化判断细胞年龄的不只是科学家，还有这个细胞自己。细胞会根据这个甲基化程度，改变自己的表观遗传特性。

大家可能疑惑，细胞为什么要知道自己多大了？难道是要判断自己是不是还应该修复自己吗？该死的时候就别修复自己了，于是减少修复蛋白的表达，让自己越来越乱直到死亡，以此节约资源让自己繁殖的下一代活得更好？

辛克莱尔在书中列举了几个可以说是所有生物都适用的长寿方法，就可以证明这种猜想。

这些方法中第一个就是适当减少热量摄入，这被叫作热量限制。

我们现在所谓的吃饱的感觉，实际上是超过我们身体所需的。因为在史前恶劣的环境里，吃了上顿没下顿，多吃点准没错，实际上均衡地吃个七分饱摄入的营养，已经足够身体完成所有生命活动了。一直吃得很饱会给身体一个现在环境中营养物质很充足的信号，也就是说，这个个体会更快地完成生育任务。既然任务已经完成了，你也就没必要存在那么长时间了，修复蛋白不再大量表达，包括各种富贵病在内的衰老疾病就会到来。

相反，限制了热量摄入，机体会认为现在环境中食物匮乏，后代存活率低、不适合生育，那就增加修复蛋白的表达，让这个个体能活得久一些，活到营养物质丰富的时候再生育。适当减少热量摄入但不到营养不良的地步，确实能长寿些。

辛克莱尔通过实验发现，长期减少30%热量摄入的小鼠和猴子，通过血压、血脂和毛色反映出来的健康状况均有较大改善，寿命也都有显著增长。在1980年开始的一项实验中，进行热量限制的20只恒河猴中有6只活到了60岁，这种猴子的通常寿命是40年，也就是寿命增长了一半。关于人的实验也一样，因为人性使然和物质丰富，受试者在两年里差不多只能做到减少12%的热量摄入，但实验后受试者的体能、心肺、血样都显示出了更年轻的状态，部分受试者干细胞的端粒甚至都有增长。根据同样的思路，实验发现适量增加运动量，适当给予寒冷刺激这些给身体一定压力的行为，都能让身体表现得更年轻，也就是可以使修复蛋白更大量地表达，让生命回路持续稳定地发挥作用。这一效应从低等的酵母菌，到果蝇、线虫，再到哺乳动物，如狗、猴子，几乎所有生物都适用，这在生物领域是罕见的。

另一个符合这个要求的原则，叫中心法则，就是DNA转录翻译成蛋白质的方法。辛克莱尔将表达这种特殊修复蛋白的基因叫作长寿基因。这个长寿基因，每一个人的每一个细胞里都有，区别在于是否被激活。因为它会在无情的基因的设定下选择沉默，不再被钢琴家弹奏，从而让我们衰老。那么，接下来要做的就是，如何骗过这个长寿基因让它持续活跃。如果这一观点正确，人类理论上就没有寿命限制，生命的乐章会一直轻快地弹奏下去。

抓到了这个导致衰老的幕后真凶，接下来要怎么做？还有，如果真的找到方法，人类社会又该怎么应对这种巨大的改变？请看下篇文章。

想要获得永生，得付出多大代价？

当说到人类大幅延长寿命或者永生时，很多人都会对永生的危害侃侃而谈。例如，资源枯竭，道德、人伦崩溃，观念、权力和认知无法更迭，社会发展停滞；或者说永生是永恒的痛苦，如果富人先获得永不衰老的能力，生死在人类面前也不平等了，这多么可怕，社会不得闹翻天了……

其实我也是这么认为的，我们现阶段的认知和社会共识都不适应人类的永生，但是有这些问题，人类就不会朝着永生这个方向发展了吗？

当一个人的身体开始衰老时，有一项技术可以让他保持年轻活力，他会因为生老病死是人之常情而放弃这个机会吗？

当一个病入膏肓的老人突然有了恢复健康的机会，他会放弃吗？

如果一个永生的机会出现在你面前，必然的死亡和永生的可能，你会怎么选？那别人会怎么选？全社会又会走向什么方向？

||| 药物可以延缓衰老吗？

上文中，我们初步了解到人类主要的衰老机制，有不可抗拒的外在环境因素，也有我们基因的顺势而为的内在因素。外在因素是环境对细胞造成的不可避免的伤害，以及生物所处的环境中生存资源的有限性，内在因素是细胞内的自我修复能力被基因和表观遗传控制。

青少年时期机体的修复机制全力运作，但是过了生育和养育后代的年龄，也就是大约40岁之后，人体内的修复蛋白开始减少或者失效。兼具修复细胞和控制基因两种功能的修复蛋白，因为过多的修复任务迷路了，无法回到原来控制基因表达的岗位，导致生命回路被破坏，基因开始胡乱表达。此时相关的修复蛋白却受到一定程度上的功能限制，看起来就像细胞开始放任环境对自己的伤害不再全力修复，我们就这样开始衰老，身体变弱，直到各种疾病将我们带走。但是在我们衰老的时候，每个细胞里的基因所蕴含的遗传信息都没变，也就是表达修复蛋白的基因一直都在且没有减少，只是它好像被关闭了，或者说关小了，所以科学家就开始想办法把它再次激活。

上文说到了几个延年益寿的方法：热量限制、适当低温以及适当运动。它们的原理就是给身体一定的压力，但这种压力的程度不能损害身体。热量摄入过少，身体会认为当前的环境可能食物匮乏；低温说明环境气候恶劣；超过正常的运动量说明环境可能有危险。这一切都给身体一个信号：现在不适合繁衍下一代。

检测到这些压力以后，身体就会在生存与繁衍的抉择中偏向生存模式，因为当前不适合繁衍。那就让个体的生命力增强，增加存活概率，因为基因觉得它的繁衍任务还没有完成。但是上述挨饿、受冻、累人的方法没人愿意尝试吧？吃饭吃个七分饱、冬泳、跑步、爬山，这些活动要不是现在朋友圈能打卡，根本就没人会去做。大多数人包括我在内应该都是打完卡该吃吃，该喝喝，为了长寿那么几年，真的要把自己的一辈子都活得憋屈吗？

注意，这些方法并不是三天两头来一次就可以见效，而是需要几十年如一日地坚持才会有效。就连热量限制实验中的人尽最大努力，也只做到了12%的热量限制，而理论上的实验目标是30%。即便如此，受试者也表示太受罪了。而且要在不伤害身体的前提下，但是这个度因人而异，我们也没办法精确地知道自己是否完成目标了。饿过头了、运动过量了或者组织冻坏死了，不要说长寿，可能直接就把人带走了，何必呢？

不过，既然原理是给身体营造环境压力的信息，我们就来看看这个信息在体内是如何产生的。了解清楚以后，直接给身体内加入这种信息就可以了。辛克莱尔的团队确实发现了很多方法，在治疗糖尿病的过程中，很多药物都可以降低血糖，其中二甲双胍通过减少肝脏产生的葡萄糖，以及促进肌肉吸收葡萄糖来实现降血糖的目的，也是一种相当便宜的药物。但是，就在科学家用小鼠研究这个药的药性的时候，从一次记录中偶然发现实验对照组的一群正常小鼠服用低剂量的二甲双胍竟然让整体寿命延长了6%。本来有望抑制器官移植排异反应的免疫抑制剂雷帕霉素（Rapamycin），在抑制免疫反应的同时也延长了酵母菌和小鼠的寿命。类似的发现还有白藜芦醇。这些分子都可以在身体里模拟热量限制以及失温和运动带来的身体压力信号，也就是我们真的可以通过药物制造这些压力信息，而不用身体力行地去承受这些压力，让身体偏向生存模式而让机体更加健康长寿。

无论是哪种方法，科学家都只是在现象上发现了方法和结果的对应关系，在酵母菌和实验鼠身上产生的效果也并不完全有效，而且每种方法的作用同样有一个极限，而永生需要的是细胞无限的修复能力，这背后的原理我们并没有看明白。

III 人类可以通过药物实现永生吗？

烟酰胺腺嘌呤二核苷酸，简称NAD，它非常容易与氢离子结合变成NADH，同时反应可逆，所以NAD的作用就是给细胞里各种反应传递氢离子，也就是质子。它可以借此给细胞中的各种反应提供支持，用于代谢、构建新的细胞，并在细胞内也就是细胞器之间发送信号，也是线粒体将食物转化成能量的必要原料。更重要的是，它是前文提到的各种修复蛋白的活动燃料。更多的NAD可以让各种修复蛋白更快地完成修复任务，然后就能更容易地回到原来的岗位。修复蛋白在修复完损伤回到原来工作岗位的过程中，必需NAD化学反应提供的氢以及各种NAD的支持功能，比较重要的有去乙酰酶。基因乙酰化会导致该沉默的基因胡乱表达，去掉乙酰基就能让不该表达的基因沉默，而去乙酰酶就是利用NAD作为工具将DNA上的乙酰基"扣下来"。所以，NAD的多少就决定了身体修复损伤的效率，NAD对生命至关重要，没有NAD人将在几秒内死亡。

在辛克莱尔团队研究之初，科学家认为这个NAD在细胞内的功能过于重要，身体里所有细胞要完成功能，几乎全部需要NAD的帮助，所以不应该在人体里干扰它。但是不干扰的话，人类就得继续按照自然选择设定好的程序生老病死。

刚才讲的给身体适当增加压力，或者用药物模拟热量限制的方法，实际上都是激发了细胞内NAD产量的增加，从而增强细胞的代谢以及修复能力。当然，人体内重要的元素还有很多，类似三磷酸腺苷以及各种维生素，没了这些元素，人照样活不了。但NAD与这些元素有一个很大的不同，其他生命元素的增加与减少是受身体机能和营养摄入决定的。这就像是一个工厂，身体机能是流水线的生产能力，营养摄入是上游原材料的供应，工厂的目的是产量最大化。但是NAD的这个工厂在受到产能和原材料的限制之余还受到一个"可怕意志"的控制。影响这个"可怕意志"的不是资源，而是信号，饥饿、肌肉疲劳以及寒冷被神经系统感受到之后，释放的信息因子会加速NAD的生产。当身体出现个别细胞坏死，问题细胞释放信息因子招来免疫细胞吞噬自己时，能招来免疫细胞的因子同样会被周围每个细胞里的NAD工厂的"意志"接收到。这个信号是减少NAD生产的信号，背后的逻辑就是，如果受到不可控的环境影响，坏死的细胞变多了，就说明这副身体可能要消耗更多的能量来修复自己了。

它接下来可能挤占更多后代的生存资源，也就是当免疫系统在全力处理坏死细胞的同时，身体里通过逐渐减少NAD生产的自毁系统也悄悄启动了。这个自毁系统可能也受到细胞内甲基化所标记的年龄因素的影响，随着年龄的增加，尤其是人过了40岁之后，身体里NAD的含量开始逐年下降。这里的原因是受极个别坏死细胞以及身体年龄标记的影响，基因下调了NAD的产量，但这又进一步导致了与NAD相关的细胞内各种功能受到限制；而细胞功能受限就会出现更多的损伤，细胞的损伤增加又导致NAD的消耗量增大。这样需要NAD的功能进一步受限，导致更多的细胞损伤，也会出现更多的坏死细胞，恶性循环。

上文说了，如果人体内没了NAD，那么人将在几秒内死亡，这么说来，细胞内NAD逐渐减少的过程，就是体细胞逐渐失能的过程。细胞功能的丧失导致各种干细胞端粒不能修补，也不能正常调用VC来消除自由基。本该沉默的基因被它上面积累的乙酰基激活，细胞原有的选择性表达紊乱，基因开始胡乱表达。这都是因为这些生命活动的原料NAD不再充分提供了，然后我们患各种疾病的概率增大，这就是我们衰老直到死亡的过程。

NAD虽然只是个小分子，但细胞的细胞膜却禁止NAD通过，也就是我们不能直接吸收外来NAD为己所用，只能在"可怕意志"的控制下自己生产，长寿的所有方法最终都是要让这个"可怕意志"自己合成NAD。这似乎是人体有意垄断了对NAD的控制，不让外界干扰衰老过程，NAD增产和减产机制就是无情的自然选择，对生命力的冷酷控制手段，让我们成为遗传信息的一次性载体。可能关于这个NAD，大多数人包括我都是第一次听说，它就是最近才揭露出来的自然"意志"对生死的控制手段。

虽说科学带来力量，知识让人类更强大，但知道这个知识也就是大自然控制生死的手段，这究竟是好事还是坏事？以上内容科学部分的知识均来自大卫·辛克莱尔的这本书——《长寿》，以及与爱看报的克里斯博士的讨论。他也是一位UP主，现在正在抗癌领域攻读博士，还在辛克莱尔领导的哈佛医学院抗癌实验室工作过几年。

大卫·辛克莱尔本人也是抗衰老领域的领头者，2014年被《时代》杂志评选为"全球百大最具影响力人物"，他已年逾50了。他根据自己的研究成果一直在保持健康的生活习惯，同时也一直在坚持服用各种NAD的制造原料，也就是各种NAD的前体，意图通过增加反应物逼迫制造NAD的反应在最大程度上进行。他曾经给福克斯新闻频道的记者透露自己的骨龄测出来是30岁，但是这些NAD前体还没有在人体上实验出绝对的效果。

将NAD前体作为补充剂的研究还远没有完成临床测试，只是在实验鼠和猴子身上实验确认有效。这些补充剂到底有没有效果，服用后有没有副作用，还完全不知，所以在国内现在是完全不被认可的。但是，这个仅仅是延年益寿的可能性已经让它的市场开始爆发，各种相关的补充剂已经作为保健品被大量购买，当然其价格不菲，相关的产品还只是在少数有经济能力的消费人群中爆发，而且他们当然也不希望这个市场变得更大而推高价格，所以我们普通人还并不了解这些产品。需要强调的是，这些产品尚未被国内的医疗保健机构认可。

　　其实NAD的控制权还牢牢地掌握在我们的基因手里，药片只能有限度地影响它而不能完全控制它，其影响是增加20%左右的寿命，而且还是在老鼠身上，所谓的永生依然没有希望。长寿几年或者十几年与永生完全是两个概念，我们发现了衰老的开关，但这个开关却被身体牢牢锁住不让人们接触，所以接下来就只能是想象的内容了。

▌▌ 永生后的人类社会是什么样？

　　也许有一天人类的科学家真的打开了这把锁，人类可以无限量地向身体里注入NAD，控制了这个开关，接下来会怎样？想象一下，你以后是家里的顶梁柱，你的家人、孩子都在药物和健康生活的指导下活到了上百岁，但此时你们遇到了自然寿命的上限，你们家的钱只够让一个人补充细胞修复物质继续年轻，这时候你要怎么抉择？要给谁买寿命？

　　当然，那时候家庭的概念有可能早就消失了，从现在"90后"的结婚率和离婚率来看，百年之后人可能都是完全独立的个体，孩子在未来由社会完全抚养。我们常说人类的赞歌就是勇气的赞歌，但是勇气又源于什么呢？是社会认同。人固有一死，身体不能长存，人们就会追求精神长存、奉献社会，永远活在人们心中。我们即使做不到，但也会由衷敬佩这种精神。然而，当人类有机会永生之后，奉献的勇气还会存在吗？

我们现在造就的精神文化价值观，可能在生死的不平等面前瞬间崩塌。《爱、死亡和机器人》第二季里面有一集就是人类已经普遍掌握了永生技术，如果人类永生的同时还继续有新生儿降生，无疑社会的资源就越来越不够用了。所以那时社会里警察的首要职责就是搜索并杀掉非法出生的孩子，孩子在那样的社会里从现在可爱的希望，变成了非法的要除掉的恶魔，社会的道德、价值观就真的面目全非了。如果你知道永生存在这些细思极恐的问题，当机会放到你个人面前时，你会如何做？说实话，我也好奇自己有没有永生的可能，估计每个人希望的不是人类永生，而是自己和身边亲密的人永生。但你自己也是人类的几十亿之一，如果最后永生的不是你，而是和你没有任何关系的陌生人，你会是什么感受？

　　因此，人类世界必将经历一段可怕的时期，有的人说可以通过将意识上传到网络世界获得永生，和基因只保留遗传信息一样，也可以把意识变成信息突破肉体保留下来。但这就像是把自己的思维和记忆读取成数字信号，然后复制到电脑和网上，那么作为个人的主观感受就只是看到了一个根据自己创造的软件而已，其实和自己的永生没啥关系，我们自己最后的主观感受还是自己死了。这里所指的永生，其实是缺乏连续性的。

　　试想，我们先用一个二极管代替一个大脑的突触连接，这时候这个人应该没事，然后再换下一个，就这样一个一个地换，直到把这万亿级别的大脑突触全部换完，主观意识似乎也一直没有中断，这好像确实是一个可行的思路，但这又要等多久？我们需要踏上永生的第一个阶梯——用医学延长肉体生命，至少要延长到冬眠技术能够普及，在老化不可逆转时直接冬眠到上述意识上传技术真的实现的时代，一步步将人类推向永生。当整个宇宙出现质子衰变和热寂状态时，如何永生已经触及现代人想象力的极限了。

以上包括之前两篇文章都是对当前抗衰老知识的展现，以及由此推演出的社会演化结果的思考。因为人类个体的利益与集体的利益并不一致，所以通向永生的进程可能无法阻挡，列出可能性，我们才能做好心理准备。

其实身体意识上的准备，大自然也早就为我们做了一些。人之所以没有过目不忘的能力，是因为思想观念同样需要在人的生命周期里得以演化，人的意识是通过观察学习环境中的对应关系获得知识与生存能力的，不常见的或者说之前常见、现在不常见的现象和对应关系，在当前多半就是错误的。

比如大学辍学和成为亿万富翁的对应关系，没有经济实力仅凭一颗真心与获得爱情的对应关系，这些现象不常见到，大脑就会逐渐忘却，留在脑子里的都是常见的规律，因为常见的规律是正确规律的概率大，这也是生物不通过自然选择优胜劣汰主动适应环境变化的能力。老人为什么固执？是因为衰老导致自己的学习能力和认知能力都变差了，所以才会更坚持自己原有的认知。但如果人一直是年轻有活力的状态，未来对他来说依然充满着无限的可能性，那他就会保持与时俱进，这就是意识对抗基因与自然选择的方式。

所以，永生导致社会认知固化的现象，我觉得可以避免。社会不是在向好的方向发展也不是在向坏的方向发展，它只是在变化，对于每个人而言没有什么无法接受。做好心理准备，积极应对变化就好，无论环境变成什么样子，坦然接受，努力适应就对了。就像资本的唯一道德标准是盈利一样，生命的唯一道德标准是适应环境。

不想结婚、不想生娃，低欲望社会的未来会怎样?

2021年1月3日，韩国的人口普查结果出来了：2020年，韩国全国出生275 815人，死亡307 764人，减少了3万多人口。这是全球主要经济体中，首个人口下降的国家。

我们不用五十步笑百步，国内新闻也越来越多地提到了人口问题。在我们身边，也有很多关于催婚、催生娃的事，这个问题直接涉及我们每个人，也涉及国家、民族以及全世界的命运。

‖ 轰动一时的25号宇宙实验

美国在20世纪六七十年代正处于婴儿潮以及大规模城市化的时期，大量人口涌入城市造成了诸多"大城市病"。社会学和人类学家们开始研究这些问题，并寻找解决方法，其中不乏脑洞大开的人。

也就是在此期间，开展过一个著名的关于老鼠的实验，虽然和人没有直接的关联性，但实验结果似乎预言了人类的结局。通过这个真实发生的黑暗实验，我们再来具体思索人类的以后。

小鼠是哺乳动物，具有社会性和阶级特点，约翰·卡尔宏和他的团队想用老鼠研究动物的集群演化，便在美国马里兰州制造了一个老鼠伊甸园——在一个装备了恒温恒湿设备的仓库里，用高约1.30米、边长约为2.57米的金属围墙围住的正方形区域。

这个空间没有顶盖，镀锌的墙壁非常光滑，小鼠无法爬上去，也就是空间被限定了。此外，空间从中心呈放射状划分为16个大区，每个区域的墙壁上挂了4个铁网隧道供小鼠爬行，隧道的旁边是各种公寓，供老鼠栖息，同时每个隧道最上端的平台上都有饮水机。隧道中部连接食物投放平台。水和食物几乎无限量供应，每天还有人清理垃圾，更换草垫。

根据卡尔宏的计算，这个乌托邦的巢穴空间能容纳3 840只小鼠，由于进食空间的限制，食物和水能养活6 144只小鼠，这基本上是一座微型城市。

1968年7月9日，研究团队将8只（4公4母）48天大、健康无病菌污染的实验用小白鼠放入这个老鼠的城市里。对于这8只小白鼠来说，它们相当于被巨人一样的神放入了伊甸园，还有一个配偶和一座城市的资源任其挥霍。实验空间里是绝对舒适的气候，免除一切危险，还定期有人清理卫生防止生病。对于小鼠来说，这绝对是满足了自己当前的所有需求，真正实现物质上的按需分配。

根据我们对啮齿类动物的固有认知，它们很快会繁殖到充斥空间，直到排队领食物和水的时间能把老鼠饿死，随后数量才不再增加，如此计算，老鼠的最终数量可能在6 000只左右。就算地方不够，我们认为的老鼠也能在城里四处流浪。

小鼠是社会性动物，来到新环境后，这8只小白鼠并没有立刻安顿下来，而是先探索环境、划分领地、完成社会构建，这个过程耗费了3个月，然后母鼠才开始产仔。随后老鼠的数量由8只变成了20只、40只、80只、160只、320只。几乎每隔55天小鼠的数量就会翻倍，在第315天，小鼠的数量达到620只。但在这之后，小鼠数量增长趋势开始放缓，仅到达预计数量的1/10（求导再求导为负），大约需要145天数量才能翻倍。

宏观的数据如此，具体的细节卡尔宏也通过观察找出了原因。

每个区域有4个巢穴（公寓）可供生育，第二年的第一代小鼠出生地分布非常不均匀。在第二年的第一批新生代共有342只，但它们大部分出生在西北角和南部的巢穴。

同一区域的不同巢穴出生数量相差也非常大。这说明生育开始向部分地区集中，在这么小的范围里出现了地域发展不均衡。为了更细致地跟踪观察个体的生活，卡尔宏的团队用不同颜色标记对小鼠进行追踪。食物和水充足，小白鼠之间没有什么好争夺的，唯一有限的因素在于生活空间。因为公鼠有领地意识，即使空间充足，它们也会划分自己的领地，在争夺领地的过程中部分公鼠取得优势，驱逐失败的公鼠。这样相对成功的雄性就会表现得非常活跃，生出来的后代也最多，逐渐以家族为单位形成社会团体，在这些家族的领地内生育率明显更高。失败的公鼠并没有彻底失去交配权，吃喝也不愁，只是生活开始萎靡，活跃度下降，也更倾向于远离墙壁的公寓，生活在城市中心。因为这样它们不会受到那些成功雄性的攻击，身体和心理都退缩了。

产生这种现象的根本原因在于小鼠同样是社会性动物，物质生活满足之后，社会地位需求仍然存在。在这个小型社会里唯一有限的是空间，对空间资源的占有就成了社会地位的象征。在自然环境中，小鼠争夺的资源与生存紧密相关，竞争中处于劣势的个体会很快死掉，通俗意义上的生物演化就是这么发生的。但在这样一个物质充足的社会里，劣势个体不会死掉，生育权也不会被彻底夺走，随时都有可能遇到母鼠，所以生存空间还是不可逆转地减少，同时个体之间的暴力斗争行为也随之增加，此时的社会贫富差距还没有严重的两极分化。成功的公鼠和彻底沉沦的、颓丧的公鼠之间还有中间层小白鼠，算是中产阶级。它们与社会高层和底层的公鼠的斗争还在继续，而在这个过程中又有新生代降生。新生代出生后面对的是一个领地被彻底划分完毕的世界，小鼠在断奶之后亲子关系基本就切断了，富二代小鼠也没有所谓的家庭后盾，它们无法在这个社会中寻找自己的定位，在不断被驱赶的过程中四处逃窜，最后和沉沦的老鼠一起汇集在中心地带。这中间同样发生着零星暴力行为，但不是对峙争夺型的暴力，而是发泄式地攻击其他公鼠。被攻击的公鼠也没有反抗，而是撕咬身边其他一动不动的公鼠。没有地位的公鼠，它们的生育求偶动机逐渐减退，所以这个时期的小鼠整体增长率逐渐下降。

这同样也造成了大量母鼠失去雄性的保护，开始变得极具攻击性，努力让自己更加独立，以减少对雄性的依赖。

　　而那些高层公鼠，由于环境越来越拥挤，自己原本庞大的领地已无力维持，毕竟其他公鼠即使不想过来也有被挤过来的。高层公鼠逐渐也丧失了捍卫领土的能力，但与之配对的母鼠需要领地提供生育环境，所以逐渐接替公鼠开始保护领地，表现出超过公鼠的攻击性。

　　所有母鼠的攻击性最初来源于保护幼崽，但是时间长了就完全变成保护自己的安全。一旦安全受到威胁，雌性就会有抛弃幼崽的行为。再接下去，空间缩小导致原本的社会结构逐渐崩塌，小鼠的行为变得越来越反常，成年公鼠越来越多地聚集在中央的活动减少，社交行为消失。相当比例的公鼠不再努力求偶，更多地追求简单的快感，体现在同性性行为现象明显增加。这些公鼠除了进食、饮水之外，剩下的时间几乎全部都在打理自己的毛发，保持绝对的洁净。相比于母鼠，它们的毛发明显更光亮。卡尔宏将它们称为新时代"美丽的男人"。

　　而成年母鼠大多生活在曾经被称为舒适领地的墙壁管道以及巢穴内，这些巢穴内已经塞满了没有社会认知的幼鼠，缺乏良好的环境，母鼠的繁殖意愿同样开始下降，而且对意外怀孕生产的幼鼠不再精心喂养。很多幼鼠在断奶年龄之前就被抛弃，甚至有母鼠吃掉幼崽的现象。这个小社会里母鼠的母性逐渐丧失，这一现象逐渐从个例变成普遍现象。

　　直到第560天，小鼠世界的出生数与死亡数持平，小鼠的总数量为2 200只，也是这个小社会的最大"人口"，这个数字动态地维持了40天。在第600天时，死亡率彻底超过了出生率，而行为沉沦还在促使生育率继续下降，出生个体继续减少和死亡率不变导致鼠类数量断崖式下跌。

第1331天时，健在的小鼠平均年龄是776天，相当于人类80岁左右。

第1780天时，这个小社会里的最后一只雄性小鼠死亡。

这被卡尔宏创造的25号宇宙就此宣布毁灭。

III 25号宇宙实验对人类社会的启示

为什么这个实验叫25号宇宙呢？

因为卡尔宏在此之前已经创造了多个老鼠的小宇宙，不过每一次实验都会出现一个种群数量的极限，达到这个极限之后，群体数量立刻开始下降，但降到一定程度之后，会出现反弹，如此往复。

卡尔宏认为，这可能是物质资源有限造成的，所以他这次创造了一个几乎没有物质资源限制的25号宇宙，但结果却比以往更加可怕：这个物质极大富足的世界最终彻底改变了小鼠的习性——数量下降后，交配生育率没有反弹，只是在最后阶段有部分下降率趋缓，但是趋势没变，导致这个宇宙遭到了比以往更彻底的死亡。

那么，人类现在处于一个什么样的环境呢？物质丰富、全民娱乐化的时代，享乐主义并不是什么礼崩乐坏。人们最关心的只有眼前与自己很相关的事情，没有危机的时候凭借本能去享受生活并没有什么不应该。刘慈欣在《三体Ⅲ：死神永生》中就描写过，即使在三体人入侵的大危机背景下，刚刚成功建立威慑获得短暂和平的人类立刻就不再关注头顶的危机了。在威慑纪元里，人类娱乐至上、生活富足，逐渐性别模糊，男人比女人更加美丽动人。当前同样是一个和平的时代，娱乐至上、消费至上的理念同样根植于我们心中。

在这样的社会环境下，我们设身处地地想一想，一个人拿着5 000～6 000元的工资，自己一个人的话可以过得很舒适，但要结婚的话，需要的有价值的空间有限。

有价值的空间是当前普通人最稀缺的资源，用这点工资供养房子和孩子就有点勉强。虽然也不是完全不能，但是以当前大行其道的消费主义、享乐主义的标准来看，结婚生子后的生活质量必然下降，这就是优越的生活条件改变了新一代人的观念，逐渐地将改变整个社会。

当前，即使嘴上喊叫不愿结婚、不要孩子，大部分人还是会结婚生子。家庭的压力只是一方面，但不是主要因素，毕竟你一直拖下去谁也拿你没办法。你当前独身确实可以过得很爽，但是30岁、40岁以后呢？社会惯性依然存在，现在的你身边还是有大部分人以后会成家，身边的朋友都去为家庭操劳了，你很难再叫出来谁了。即使叫出来几个人，聊的也是房贷、教育、养老这些你认为极度无趣的话题，那时孤独感可不只是现在自嘲单身狗这么简单。

人是社会动物，有社交需求，如果你想炫耀时没有观众，留给你的就剩下寂寞。出于对这种未来的恐惧，大部分人还是会成家，这个倒有点像囚徒困境，害怕别人都成家了，所以我也成家吧，最后不想成家的人都成家了。但是，社会在变化，如果消费主义、享乐主义继续在资本的运作下保持主流，量变会带来质变。

当畏惧社会竞争的独身主义者越来越多之后，他们就会像25号宇宙中的小鼠一样聚集在一起，只要身边的人都不成家，那就没有什么能威慑到你的自由。

不婚或者丁克是个人的选择，爱情会在现代逐渐与繁衍脱节。在人类社会，会集起来保持单身的估计不只有男性，新时代的女性在人文主义和消费主义的感召下同样会有很多不婚主义者。从韩国当前的情况看，这个群体只会愈加庞大，愿意结婚的年轻人已经降到50%左右。

经济越发达的国家，生育率就会越低。而人口是经济的基础，是财富和发展的基石，也是人类的根本，我们自认为的文明开化、人文自由最终可能将人类引向毁灭。这样的未来会发生吗？我们该如何走出这样的文明死循环呢？

||| 生活成本是生育率下降的关键因素吗？

很多人坦言，生活压力太大，尤其是房子问题导致自己不想生孩子，因为养不起。成家的成本是这个时代的最大问题，但生活成本是这个时代独有的问题吗？

在近代工业化开始之前，土地是最重要的生产资源，因为有了土地才能生产粮食，供养家庭。

所以过去拥有土地的地主是统治阶级，和现在大多数国家资产阶级是统治阶级一样。现在的房子只是决定你和你的家庭能否活得更从容、自信、踏实，而土地对于过去的人来说是能否活得下去的问题，土地在过去同样被一次次集中垄断，然后导致很多人失去土地成为佃农遭受剥削。相比于今天买不起房的人来说，这是更严重的生活压力，但为什么没有记载古代哪个时期出现大量独身主义思潮呢？

因为在过去是没有人文主义和自由主义思想的，封建制度之下人生来不平等，但人民是接受这种不平等的。天子是天的儿子，只有他在，社会才能稳定。皇权是那个时代稳定的根基，以此为基础，以君臣关系、父子关系为基础的不同等级被建立，同时通过察举制、科举制给予有限的上升通道，就能给予广大人民此生的目标。

这个目标一定要是不容易实现，但又不是完全不能实现的，这才能给予人们生活奋斗的目标。

从古至今所有先贤都在人生的意义这个问题上做足了文章，诸子百家要解决的就是人生意义的问题，最后形成了固定的价值体系，终极目的就是为后世造福。主张统治者要创下万世之功业，普通人民也要让家族兴旺，用仁义孝悌保障家族、国家的稳定和延续，终极的人生目的说不好听了就是传宗接代。这就是为什么百善孝为先，不然生出来的孩子就是个讨债的，会严重打击生育积极性，阻碍家族和社会的延续。儒家、法家、道家等各种思想虽然方法不同，但是最终要阐明的观点都在造福社会和后世这里。

人生没有目标，社会就会混乱，先贤早就意识到了这个问题，于是创造各种天道和天经地义让社会得以稳定延续。中华大地在近代西方文明入侵之前，几乎从来没有自由平等的思想，齐家治国平天下，这是大陆农耕文明演化出来的人生目标，所以虽然生活艰辛，养孩子费劲，但是传宗接代就是生活的目标，所以才没有出现生育率下降，而且一直保证着社会的相对稳定祥和。

而西方同样因为自然环境演化出的海洋商业文明，没有形成绝对大一统的帝国。人们也就更注重自己的感受，人生目标里也没有强调造福后代，而是造福自己的死后世界，生育的意义在于创造劳动力和战士保护自己的财富。

其实在罗马帝国的末期，社会固化，在最富裕的亚平宁半岛也出现过生育率下降，人民不愿生孩子的现象。欧洲中世纪的天灾人祸以及商业文明的基础最终促成了文艺复兴，从而奠定了自由平等的文化思想。这种解放的积极作用就是鼓励了技术创新，让人类获得了前所未有的力量。在同一时期东方的统治者看来，这些奇技淫巧只会让底层人民获得与其阶级不相称的力量，挑战社会稳定，毕竟西方也确实从来没有稳定过。

后来整个西方用强大的技术能力，将自由平等和商业契约思想强行注入中华大地，带来了百年动荡。新的生产关系被建立且稳定之后才获得安宁与高速发展，但是，因为人文主义以及适应商业文明的消费主义兴起，撼动了东亚从古至今建立的价值体系。

直到如今，年轻人获得了充足的物质生活条件，养老也可以依靠社会保障，不需要孩子赡养，那些老生常谈的天伦之乐在部分人看来已经不再重要。几十年来多少生活奢侈品被资本变成生活必需品，因为有更幸福的事情可以去做，生育意愿严重下降。

||| 我们的命运，会和那群小鼠的结局一样吗？

时代变了，我们自己同样也变了，25号宇宙实验可以说和人没有任何关系。我和一些大学的研究人员也讨论过这个实验，其实小鼠的大脑能运作的只有情绪模型和动机模型，比人简单；而人类还有逻辑因果判断模型，这是小鼠不具有的。我们能用实验有意识地去预测未来，而小鼠不行。所以说，用小鼠预言社会问题无法成立，且这个实验正值美国婴儿潮以及全世界的战后复兴时期，实验内容在当时同样被主流学界批评。但这个实验之所以能在近些年的媒体口中反复出现，是因为现阶段出现的人口问题的苗头确实和这个实验很像，而这个实验的恐怖结局也能引起人们的警觉。即使没有这个实验，传播知识和思想必然需要一个引入点让人产生对这一知识的兴趣，科普工作的知识性和趣味性是同等重要的。

前文仅仅是根据现阶段，我们作为年轻人的生活环境和价值观去推演，确实不能给生育找到一个合理的理由，因为你现在认为的合理和从前的合理不一样了。这不是竞争压力减小就能改变的现实，韩国长期人口增长停滞之后，终于稳不住数量开始下降，我国当前已经完全放开了生育限制，可是生育率依然在下降。

而如果一个社会中的老人越来越多，那么这个社会的希望又在哪里？

在25号宇宙的实验过程中，一个安定的、物质充足的环境催生了享乐主义、消费主义，这本来与繁衍并不矛盾，毕竟天伦之乐也是基因赋予人类的欲望。可是家庭生活需要空间、需要社会地位，社会发展的不均衡造成有价值的空间稀缺，于是在物质充足的社会里同样造成了激烈的社会竞争。大部分人会在这样的竞争中失败，然后出现行为沉沦，进一步促使个体追求物质上的满足，繁衍会失去已经获得的物质满足感，这造成了繁衍障碍，最终如25号宇宙实验一样导致物种毁灭。

以上就是基于这个实验和社会现象对未来的预测。

但是预测行为本身就会影响未来，人们也会为了避免这样的未来做出努力。我来做一些假设吧，说幻想也行——我们和那群小鼠有一个很大的不同，就是它们根据本能行事，而我们却有利用语言构建的群体组织动员能力。

几千年来，人类的组织能力不断强化，现在富足的物质条件就是因为组织能力实现了社会分工，并调动了生产的积极性与创新的积极性。

科技进一步发展，培养技术更新之后，可以不用母体直接在实验室里培养人类后代，幼年和少年阶段有标准化的义务教育，青年阶段的个性化教育可以由孩子自己选择，以此填补大量不婚者造成的人口损失。毕竟这样的行为在资本看来也是有利可图的，市场需要购买力来释放过剩的产能，而劳动者是购买力的基础。你可能想说缺少父母之爱的孩子可能会成为问题少年，但这是现在的标准，届时社会标准也就变了，回过头看历史上的我们，这些有过多亲人牵绊的人可能会被认为是有问题的。

如此一来，家庭这个概念将从人类社会中消失。个体脱离家庭的羁绊获得进一步的自由，当然一个人想组建家庭、想养孩子并不会被阻止，政府的育儿工程最初目的是填补人口缺口，但最后可能演变成产生人类的主要方式。虽然这样的未来听起来也很可怕，但可能是顺应那时民心的最合理举措。

问题就这样圆满解决了吗？

因为竞争在这样的社会里同样激烈，大多数人的生活颓丧，再加上没有家庭抚养的需要，人们将失去生产积极性，不再创造价值，靠政府救济度日。我们现在的社会有资产阶级和无产阶级之分，到那时，尤其是人工智能大量普及之后会产生新的阶级，就是无用阶级。这在《未来简史》和《今日简史》中都有深刻的解释，无用阶级的壮大会成为社会负担，逐渐拖垮原来的社会，最终也可能走向崩溃或者人类完全被人工智能取代。

这样，我们就需要从根本上杜绝问题。25号宇宙的限制因素是空间，空间与社会阶层挂钩最后导致社会认知紊乱、世界崩溃。而我们当前的地球，可用的空间都已经被划分成政治体的势力范围，我们也需要新的空间来释放劳动力，所以接下来的道路就是星际殖民开拓新空间、新机遇。当眼前的苟且让人受够了之后，人们会再次将眼光投向宇宙，好奇心会勾起人们新的欲望。

任何观念都是变化的，环境是被不断塑造的，所以人类的结局会如何？你自己的命运会怎样？

一切还没有定论。